글로컬 시대의 지역 발전

지역사회 발전을 위한 논평과 대안

글로컬 시대의 지역 발전
지역사회 발전을 위한 논평과 대안

초판 1쇄 발행 2014년 7월 18일

지은이 이정록

펴낸이 김선기
펴낸곳 (주)푸른길
출판등록 1996년 4월 12일 제16-1292호
주소 (152-847) 서울시 구로구 디지털로 33길 48 대륭포스트타워 7차 1008호
전화 02-523-2907, 6942-9570~2
팩스 02-523-2951
이메일 purungilbook@naver.com
홈페이지 www.purungil.co.kr

ISBN 978-89-6291-261-6 93980

*이 도서의 국립중앙도서관 출판예정도서목록(CIP)은 서지정보유통지원시스템 홈페이지(http://seoji.nl.go.kr)와 국가자료공동목록시스템(http://www.nl.go.kr/kolisnet)에서 이용하실 수 있습니다.(CIP제어번호: CIP2014020083)

지역사회 발전을 위한
논평과 대안

글로컬 시대의
지역 발전

이정록 지음

푸른길

우리가 살고 있는 삶의 터전인 장소, 공간, 지역은 끊임없이 변화한다. 마치 생명이 있는 유기체처럼 지역과 지역사회는 성장과 저성장, 발전과 저발전, 활발과 침체 등을 반복하면서 끊임없이 움직이고 변화한다. 어떤 지역과 지역사회는 긍정적인 변화, 양적인 성장, 질적인 발전을 구가하기도 하고, 반대로 또 다른 지역과 지역사회는 부정적인 변화, 양적인 저성장, 질적인 퇴보 등을 경험하기도 한다. 이런 과정에서 지역 문제가 발생하고 지역 문제를 해결하기 위해 다양한 논의와 노력을 하고 있다.

지역 문제를 슬기롭게 극복하고 해결한 지역 주민은 성장과 발전이라는 사다리에 오르는 경우가 많다. 반대로 그렇지 못해 침체와 저성장의 늪으로 빠지는 엘리베이터에 몸을 의지하는 지역 주민 또한 많다. 왜냐하면 지역사회는 그곳에 거주하는 지역 주민의 의지나 요구, 필요에 의해 기본적으로 변화하기 때문이다. 이런 행태와 모습은 동서고금을 막론하고 거의 동일하게 나타나는 공간적 현상이다.

외국이나 과거로 눈을 돌릴 필요도 없이, 전라남도 지역만 보더라도 지역 주민이 힘을 합쳐 지역을 변화·발전시킨 사례는 많다. 함평 나비 축제를 통해 함평쌀과 함평한우의 마케팅에 성공한 함평, 2013순천만 국제정원박람회의 성공적 개최로 전라남도 동부의 교육도시에서 우리나라를 대표하는 생태·정원도시로 발돋움하려는 순천, 기업하기 좋은 환경을 만들어 인구가 계속 증가하는 제철도시 광양, 우리나라 최대의 유자 · 석류 · 다시마 생산지로 인정받고 있는 고흥 등은 지역 주민이 지역 발전의 새로운 동력을 만들어 가고 있는 대표적인 사례들이다.

물론 특정 지역의 성장과 발전은 많은 요인들이 복합적 · 중층적으로 작용한 결과이다. 지역 내의 잠재적인 자원, 지역 발전에 필요한 인프라, 교통 접근성, 지역 내에 입지한 기업들의 경쟁력, 지역사회의 사회적 자본, 중앙 및 지방정부의 지원 등 많은 요인들이 지역 발전에 영향을 미친다. 하지만 지역사회를 변화 · 발전시키려는 지역 주민의 의지와 노력은 지역 발전의 필수 조건이다. 지역사회에서 발생하는 지역 문제의 해결, 지역의 성장과 침체 과정, 지역을 발전시키는 새로운 추동력 확보 등은 기본적으로 그 지역에서 살아가는 지역 주민의 힘과 요구와 필요에 의해 좌우되는 경우가 많기 때문이다.

필자는 지역 변화와 발전에 관심이 많은 지리학자이다. 특히 지역사회의 변화 · 발전 과정에 영향을 미치는 기업과 기업 활동, 중앙 및 지방정부의 정책과 계획, 지역 문제를 해결하고 대안을 모색하려는 지역 주민의 활동 등에 관심이 많다. 그리고 전국적인 스케일보다는 필자가 나고 자랐으며, 현재 생활하고 있는 광주와 전라남도 지역에 국한하여 연구를 주로 하고 있다. 그래서 자연스럽게 광주와 전라남도 지역이 당면한 현안 문제 해결, 지역 발전을 위한 대안 모색, 중앙과 지방의 지역개발 정책 수립 등의 과정에 직간접으로 많이 참여했고, 이런 과정에서 느낀 지역 문제에 대한 논평과 대안을 신문과 잡지에 게재하기도 했다.

이 책은 필자가 지난 2005년부터 최근까지 신문과 잡지에 게재한 칼럼과 시평에 관한 원고를 묶어서 낸 것이다. 필자가 지역개발 정책, 광양만권 연구 등에 관심이 많기 때문에 이 책에서는 주로 지역 문제 해결과 지역 발전을 위한 대안 모색에 관한 내용을 다루고 있다. 또한 필자가 광주에 거주하기 때문에 광주와 전라남도 지역에 관한 내용이 많이 포함되어 있다. 그러다 보니 전국의 여러 지역에서 나타나는 지역 문제에 대한 논평과 대안 모색이 부족한 것이 가장 큰 흠이다. 독자들의 양해를 바란다.

이 책은 크게 6부로 구성되어 있다. 제1부는 지역사회에서 논란이 되고 있는 영산강 살리기, 광주공항 등 지역 문제에 대한 논평들이다. 제2부는 지역사회에서 해결해야 할 현안 문제인 혁신도시, 기업도시, 남해안 프로젝트 등에 대한 대안을 제시한 칼럼들이다. 제3부는 지역 발전과 지역사회 리더십에 관한 내용으로 지역 문제에 대한 지방자치단체장과 지역사회 지도자들의 행태에 관한 논평으로 구성되어 있다. 제4부는 필자의 주요 연구 대상 지역인 광양만권의 지역 문제와 지역 정책에 관한 내용으로 이루어져 있다. 제5부는 기업 입지와 기업 활동이 지역 변화와 지역 발전을 견인한 국내외 기업도시 사례를 소개하는 글로 구성되어 있다. 그리고 제6부는 지속적인 지역 발전을 위한 대안 모색에 관한 글들이다.

보잘것없는, 빛바랜 원고를 책으로 낸다는 것이 무척 조심스러웠다. 하지만 예전의 칼럼들을 들춰 보면서 당시의 지역 문제가 무엇이었고, 이를 해결하기 위해 지역사회에서는 어떤 논의와 활동을 했는가를 어렴풋이 알 수 있는 내용들이 꽤 있었다. 지역사회의 변화와 발전 과정이란 동일한 공간에서 과거와 현재와 미래가 공존하는 연속적인 과정이다.

특정 공간의 과거와 현재의 모습은 미래를 비추어 볼 수 있는 좋은 거울이자, 미래의 모습을 예측해 볼 수 있는 리트머스 시험지라고 생각한다. 그렇기 때문에 현재의 지역사회 모습과 여건을 잘 이해하고 이를 분석한다면, 새로운 미래를 위한 적절한 대안 설정이 가능하다. 그래서 빛바랜 올드 패션의 원고도 지역사회를 이해하는 데 약간의 도움이 될 것으로 판단했다. 이것이 이 책을 출판하게 된 논리이자 엉뚱한 변명이다. 사실은 30년 지기인 부산대학교 손일 교수의 쉼없는 역작 출판에 대한 시새움도 한몫했다.

광주일보, 광주매일, 무등일보, 광주상공회의소에서 칼럼 연재 기회를 제공해 주지 않았으면, 이 원고들은 세상 밖으로 나오지 못했을 것이다. 신문사 관계자들과 광주상공회의소 박흥석 회장님께 감사드린다. 또한 칼럼을 연재하는 동안 격려와 조언을 주신 많은 분들과 장독대 친구들인 성충기 교수님, 제일전기 김형국 사장, 이영철 사장에게도 감사의 마음을 전한다. 잘 팔리지 않을 책의 출판을 흔쾌히 허락해 주신 한국 지리학계의 홍보대사인 푸른길 김선기 사장님과 다양한 포맷의 원고를 예쁘게 편집해 준 편집부의 박미예 씨에게도 심심한 사의를 표한다.

끝으로 무탄트와 그의 딸과 아들에게 고맙게 생각하며, 이 책이 광상학 공부를 위해 캐나다 서드베리로 떠나는 장현에게 부정(父情)을 느끼게 하는 증표가 되었으면 한다.

2014년 초여름, 무등이 보이는 용봉골에서

이정록

제3부 지역 발전과 지역사회 리더십

제1부

지역사회와 지역 문제

01
손님맞이 준비를 끝낸 영산강

    외국 도시의 강가에 와 있는 느낌이었다. 오토캠핑장 텐트 속에서 사회 공부를 하는 중학생의 모습은 한가로웠다. 자전거 길을 달리는 라이더들의 세련된 복장은 이국적인 분위기를 연출했다. 지난 일요일에 방문한 영산강 모습이 그랬다.

    둔치에 조성된 체육 시설에는 운동하는 사람들이 많았다. 첨단지구 산월교 아래에 있는 3개의 축구장에서는 축구 시합이 한창이었다. 옆의 야구장에서는 광산구 야구연합회가 주최하는 광주어룡신협 이사장배 정규 리그 개막식이 열리고 있었다. 산동교, 광신대교, 어등대교, 극락교 주변에 조성된 체육 시설도 비슷한 모습이었다.

    풍영정에서 내려다보는 영산강 수변 경관은 참으로 수려했다. 말끔하게 단장된 둔치 덕분에 하폭이 넓어졌고, 물도 많았다. 풍영초등학교 앞의 광신고무보에는 물이 넘실거렸다. 둔치에 조성된 구불구불한 산책로는 산보하기에 안성맞춤이었다. 형형색색의 옷을 입고 걷거나 뛰는 사람들이 많이 보였다. 풍영정천이 합류하는 곳에 조성된 수변 공원의 아치형 보도 데크는 정말 멋졌다.

서창사거리 극락교 아래에는 콘크리트 색깔의 아담한 인포메이션센터가 만들어졌다. 5월 초에 개관할 예정이어서 문은 닫혀 있었다. 실내를 볼 수는 없었지만 오사카 요도가와(淀川) 강을 관리하는 홍보관과 비교해도 손색이 없었다. 인포메이션센터 주변에는 몽골텐트형 그늘막이 군데군데 있어 휴식을 취하기 충분했다. 키가 큰 나무는 없지만 예쁘게 만든 화단에는 봄을 기다리는 잔디가 숨을 쉬고 있었다.

승천보공원은 영산강 살리기 사업이 만든 걸작이었다. 사방이 물로 둘러싸인 10만 평의 공원은 완벽했다. 운동 시설, 놀이 시설, 체험 시설, 전망 시설은 물론이고 파출소까지 갖췄다. 가족 단위의 방문객이 많았다. 아이들은 미끄럼틀에서 놀기 바빴고, 인라인 스케이트를 즐기는 꼬마들도 여기저기 보였다. 전망대에서 보이는 영산강과 무등산, 대촌 들녘, 농촌 마을 등은 좋은 사회 교과서였다.

승천보공원의 압권은 단연 오토캠핑장이었다. 오토캠핑장에는 60여 대의 차량이 주차돼 있었고, 20여 개의 텐트가 쳐져 있었다. 소규모 캠핑카에서부터 6인용 텐트에 이르기까지 다양했다. 퍼걸러(pergola)에서 바비큐 파티를 즐기는 사람들, 텐트 안에서 아빠와 함께 수학 문제를 푸는 초등학생, 음수대에서 과일을 다듬는 모습 등은 인상적이었다. 대도시 근교의 수변 공원 풍경이라고 믿기지 않았다.

홍어의 거리로 유명한 영산포의 영산대교 주변은 멋진 휴식 공간으로 탈바꿈했다. 영산강체육공원과 주변 둔치의 유채꽃이 만개하면 좋은 볼거리를 제공할 것 같다. 나주시 다시면에 있는 죽산보 주변의 둔치도 깨끗하게 정비됐다. 죽산수변공원은 도시와 멀리 떨어져 방문객은 많지 않았다. 5월이 되면 많은 상춘객이 찾을 것으로 보인다.

남도의 생명선인 영산강이 재탄생됐고, 지역민에게 되돌아왔다. 2조 8000억 원이 투입된 영산강 살리기 사업의 결과이다. 흉물스럽게 쌓인 퇴적물이 많이 제거됐다. 방치되었던 둔치가 정비되어 아름다운 모습도 되찾았다. 주민의 접근이 불가능했던 둔치에 74개의 크고 작은 수변 공원이 새롭게 조성됐다. 산책로와 자전거 길, 수변 공원은 벌써부터 지역민이 즐겨 찾는 휴식 공간이 됐다. 죽어 가던 영산강이 깨끗하게 흐르는 아름다운 강으로 변신했다.

영산강은 손님맞이 준비를 거의 끝낸 상태이다. 수변 공원 화단에 봄꽃은 피지 않았지만, 지역민의 나들이를 기다리고 있다. 이번 주말에 승천보공원으로 나들이를 가 보면 어떨까.

– 광주일보, 2012. 04. 11.

02

영산강 살리기, 일본의 하천에서 배운다

지난달 일본 도쿄와 요코하마의 하천을 둘러볼 기회가 있었다. 영산강 살리기를 위한 좋은 해법을 모색하기 위한 답사였다. 최근의 도쿄는 8년 전 필자가 도쿄대학 객원 교수로 체류했던 도쿄가 아니었다. 특히 강변의 다양한 체육과 휴게 시설을 이용하는 시민들이 너무나 많아서 뜻밖이었다. 경기 침체로 피서를 가지 못했나 할 정도로 많았다.

도쿄 도심을 남북으로 관통하는 스미다(隅田) 강에는 여전히 많은 관광객을 태운 수상버스(유람선)가 왕래하고 있었다. 2km의 강변에 조성된 스미다공원 체육 시설에는 운동을 즐기는 사람이 많았다. 1km의 제방에 식재된 벚나무 길이 만들어 낸 짙푸른 녹음은 관광객의 더위를 식히기에 충분했다.

도쿄 동쪽을 관통하는 아라카와(荒川) 둔치에는 운동과 피서를 즐기는 시민으로 가득했다. 강폭은 영산강보다 약간 넓었지만, 수량은 비교가 안 될 정도로 많았다. 둔치는 미니골프장, 야구장, 복지체험광장, 생태학습장 등으로 깔끔하게 정비됐다. 매년 마라톤 대회가 열리는 제방 도로에는 달리기를 즐기는 시민들이 많이 눈에 띄었다. 도쿄 도와 시나가와 현의 경계인 다마(多摩) 강의 풍경도 비슷했다.

요코하마로 유입하는 쓰루미(鶴見) 강을 관리하는 하천관리센터의 전시관에는 방학 숙제를 하기 위한 초등학생들로 붐볐다. 하천 유역의 자투리땅을 활용한 대규모 운동장과 하중도에 조성된 대규모 휴게 공간이 매우 인상적이었다.

오사카를 관통하는 유로 연장 75km의 요도가와 강은 하천 공원의 백화점이었다. 강변에 조성된 39개의 공원 지구(225.7ha)는 일본인답게 아기자기하고 재미있게 조성됐다. 하천 공원의 연장이 약 30km에 달하고, 연간 500만 명 이상이 방문한다는 관계자의 말이 시샘이 날 정도로 부러웠다.

홍수와 지진 등 방재 관리의 1등 국가답게 도쿄와 요코하마, 오사카의 하천 관리는 거의 완벽했다. 도쿄의 스미다 강, 다마 강, 오사카의 요도가와 강을 둘러보면서 영산강을 상상해 보았다. 요도가와 강은 올해 하천 관리 100주년을 맞는다고 한다. 남도의 젖줄이라고 의미를 부여하는 영산강의 하천 관리는 몇 년이나 될까?

물론 지금까지도 중앙정부와 지방자치단체가 영산강을 관리했다. 하지만 지금까지의 관리는 주민의 이용보다는 접근을 통제하는 데 주안점을 두었다. 영산강 둔치가 좋은 예이다. 둔치는 사람의 접근과 이용이 불가능한 DMZ와 같은 공간이 된 지 오래이다. 제방 도로 또한 예외가 아니다. 제방에서 인라인스케이트와 자전거를 즐기는 것은 사치이다. 물이 없으니 유람선을 띄우는 것은 화성과 금성의 이야기이다.

하천에 친수 공간을 만들어 주민에게 돌려주는 것이 선진국 하천 관리 특징이다. 선진국과 비교하면 MB정부의 4대강 살리기는 오히려 늦은 감이 없지 않다. 하지만 중앙 부처 하천 관리에서 상대적으로 후순위였던 영산강은 천재일우의 기회를 맞이했다. 썩어 가던 분당 탄천과 울산 태화강이 새롭게 재탄생한 것을 보면, 영산강에게는 분명 기회이다. 어느 정권이 천문학적 재정을 영산강에 투입하겠는가.

핵심은 영산강 살리기가 순조롭게 진행돼야 한다는 점이다. 중앙과 지방정부, 정치권, 환경단체의 도움도 필요하지만 무엇보다 중요한 것은 지역민의 관심과 참여이다. 다음 세대가 이용할 친수 공간은 물론이고, 지역 발전에 기여하는 하천을 만드는 것은 지역민의 책무이기 때문이다.

지역민이 영산강 살리기에 관심을 가진다면, 우리도 유람선이 떠 있는 영산강, 바비큐 파티를 즐길 수 있는 캠핑장과 벚꽃잎이 흩날리는 자전거 길이 있는 영산강을 가지게 될 것이다. 도쿄의 스미다 강, 오사카의 요도가와 강과 같은 멋진 영산강을 그려 본다. 꿈은 반드시 이루어지기 때문에.

- 광주일보, 2009. 09. 03.

03

죽어 가는 영산강 살리기 방해 말길

"영산강이 희망입니다."는 영산강을 되살리기 위해 광주MBC가 작년에 내건 캠페인의 슬로건이다. '깨끗하게 흐르는 아름다운' 영산강을 만들어 광주·전라남도에 새로운 활력을 불어넣기 위한 취지였다.

그런데 남도민의 희망이 돼야 할 영산강이 자칫 정치적 소용돌이에 휘말리지 않을까 걱정이다. '4대강 사업'의 중단을 요구하는 민주당과 다른 의견을 박준영 전라남도 도지사가 밝히면서 영산강이 4대강 정국의 이슈가 될 개연성이 높다.

영산강에 대한 지역민의 바람은 세 가지이다. 깨끗한 강, 흐르는 강, 아름다운 강이다. 영산강은 4대강 중 수질이 가장 나쁘다. 연평균 수질(BOD 기준)로 봤을 때 한강(1급수), 낙동강과 금강(1~2급수)보다 나쁜 3급수이다. 갈수기 중·하류의 수질은 농업용수 수준인 4~5급수이다. 유량도 가장 적다. 농업용인 상류 4개 댐에서 하천 유지수로 방류하는 양이 적고, 유역도 작기 때문이다. 그래서 수질 개선과 유량 확보는 영산강 살리기의 숙원 사업이 됐다.

지역민은 뱃길을 복원해 영산강을 아름다운 강으로 만들고 싶어 했다. 1998년 '영산강뱃길복원추진위원회'를 만들어, 1977년에 중단된 뱃길복원운동을 펼쳤다. 전라남도 도지사 보궐선거에 출마한 박준영 후보는 영산강 뱃길 공약을 제시했다. 취임 후인 2004년에 영산강 뱃길 공약은 전라남도의 주요 시책으로 구체화됐다. 그 후 뱃길 복원, 수질 개선, 수변 개발, 고대 문화권 개발 등을 포함한 '영산강 프로젝트'가 2006년부터 시작됐다. 'MB표' 4대강 사업이 잉태하기 전의 일이다.

하지만 영산강 프로젝트는 쉽지 않았다. 문제는 천문학적 재원 확보였다. DJ·참여정부조차 영산강 지원에 소극적이었다. 이런 상황에서 MB정부의 '4대강 사업'은 영산강 살리기에 숨통을 트여 줬다. 수질 개선과 하천 정비에 필요한 수조 원의 국비를 지원받을 수 있기 때문이다. 이것이 반대 여론에도 불구하고 일부 전문가와 주민들이 영산강 살리기를 수용한 전략적 배경이다.

다른 4대강 사업과 달리 영산강 사업은 하천 살리기와 지역 발전에 긍정적 측면이 많다. 수량 확보와 홍수 조절은 물론이고, 자금 부족으로 다른 4대강 권역보다 뒤처진 수질 개선 사업에도 속도를 낼 수 있다. 정비된 아름다운 영산강은 새로운 관광 자원이 된다. 특히 영산강 사업을 계기로 광주 대도시권, 나주 혁신도시, 마한 문화유적지, 영암 기업도시로 이어지는 유역권은 서남권의 신성장축을 구축할 수 있다.

예로부터 영산강은 남도의 젖줄이었다. 죽어 가는 영산강을 제쳐 두고, 지역 발전과 지역민의 삶의 질을 논하는 것은 난센스이다. 영산포를 중심으로 상류는 수량 부족으로 허덕이고, 하류는 농업용수로 부적합하다.

이런 사정을 지역 출신 국회의원과 민주당은 잘 알고 있다. "영산강을 살리는 것이 지역민의 요구"라는 도지사의 논리나 "영산강만은 살려야 한다."는 여론이 비등한 까닭을 민주당은 되새겨야 한다.

죽어 가는 영산강 살리기는 지역 숙원 사업이고, 녹색 전라남도를 지향하는 지역민의 새로운 희망이다. '4대강 사업'과 연원도 다르다. 영산강 살리기를 계속해야 하는 이유이다.

– 조선일보, 2010. 06. 17.

04

호남 성공 시대를 열어야 한다

국민의 선택은 경제였고, 이명박 대통령이었다. 국민들은 이념과 정치 논리를 벗어 버리고 일자리라는 현실을 택했다. 반면 호남민의 마음은 씁쓸하다. 한나라당이라는 바다에 고립된 섬 신세가 됐기 때문이다.

그렇다고 희망이 없는 것은 아니다. 이번에도 예외 없이 호남은 한나라당을 외면했지만, 과거와 다른 투표 행태를 보였기 때문이다. 두 자리의 높은 지지는 아니었다. 하지만 DJ의 정치적 그늘에서 벗어나 성장과 일자리를 우선한 지역민의 전략적 투표 덕분에 당선자는 전례 없는 높은 지지를 받았다.

이런 지역민의 속내를 당선자는 일찍부터 간파한 모양이다. 당선자는 지역 현안을 반영한 많은 공약을 제시하면서 호남 성공 시대를 약속했다. 호남고속철 조기 완공, 새만금 호반도시, 영산강 운하, 남해안 선벨트(Sun-belt) 등이 핵심이다.

호남고속철 조기 완공은 당선자의 최우선 공약이다. 당선자의 개인적 성향을 고려하면 고속철의 개통은 2~3년 앞당겨질 것이 분명하다. 전라북도의 '앳가심'이었던 새만금에는 신산업과 관광을 유인할 인프라가 재임 기간 중에 하나씩 갖추어질 것이고, 이는 전라북도 지도를 획기적으로 바꾸는 토대가 될 수 있다.

영산강 운하는 경부 운하보다 빠르게 진척될 가능성이 많다. 영산강 운하에 대한 지역 내 반대는 그렇게 많지 않고, 투자비도 적게 든다. 지역 여론만 통일되면 2010년에는 뱃길이 열릴 것이다. 그렇게 되면, 남도의 젖줄 영산강은 광주 – 나주 – 목포를 연결시켜 지역의 새로운 경제권으로 부상하게 된다.

목포와 부산을 연결하는 남해안을 수도권에 대응하는 신성장축으로 발전시키는 선벨트 구축은 전라남도가 추진 중에 있는 J프로젝트, 2012 여수 세계박람회, 광양항 활성화, 서남권 조선 산업 클러스터 등에 힘을 실어 줄 수 있다. 특히 남해안 선벨트 구축은 영호남 상생 발전을 꾀할 장점이 있어 당선자가 야심 차게 추진할 가능성이 매우 높다.

이런 공약들이 착실하게 진행된다면 호남 성공 시대는 분명 열릴 수 있다. 하지만 지역민들은 차기 정부를 수도권과 영남의 정권으로 인식하고 있기 때문에 호남 인사의 차별 등용은 물론이고, 일자리 창출에서도 역차별을 받지 않을까 우려하고 있다. 이는 부인할 수 없는 사실이다.

그러나 크게 걱정하고 낙담할 필요까지는 없다. 지방분권과 균형 발전은 거스를 수 없는 세계적 추세이다. 국민의 절반인 지방 사람은 그것을 원하고 있다. 호남을 도외시한 국가 통합이란 사실상 불가능하다. 그리고 이런 사실을 당선자가 누구보다 잘 알고 있기 때문이다.

현실적으로 호남 지역의 상대적 낙후와 저성장을 해결할 열쇠는 일자리이다. 지속적인 인구 감소와 빠르게 진행되는 고령화를 멈출 열쇠도 일자리이다. 경제 대통령이 간절히 필요한 곳은 지방이고, 다름 아닌 호남 지역이다. 반신반의하면서도 지역민들이 당선자에게 많은 기대를 가지는 이유가 바로 여기에 있다.

따라서 당선자는 공개적 지지가 쉽지 않아 주변의 눈치를 봐야 하는 지역적 상황에도 불구하고 두 자리에 가까운 표를 던진 지역민의 속내에 주목해야 한다. 이 지역에 일자리를 만들라는 주문과 기대가 그것이다. 반대로 지지하지 않은 대다수 지역민의 속마음도 헤아려야 한다. 호남 지역이 아닌 다른 지역의 일자리 만들기에 치중하지 않을까 하는 의구심이 그것이다. 이런 지역민심을 세심하게 살피면, 당선자는 공약한 대로 호남 성공 시대를 열 수 있을 것이다.

지역민 또한 당선자가 국정을 안정적으로 수행하여 우리 지역에 많은 일자리를 만들 수 있도록 닫힌 빗장을 여는 지혜를 가질 필요도 있다. 그러면 분명 호남 성공 시대가 앞당겨질 것이다.

- 조선일보, 2007. 12. 24.

05

광주공항 국제선, 무안 순차 이전해야

탈 많았던 무안국제공항(이하 '무안공항') 개항을 놓고 지역 여론이 분열되고 있다. 광주공항 국제선을 11월 9일부터 무안공항으로 이전하는 문제에 대해 대다수 광주 시민과 상공인들이 반대하고 있기 때문이다.

무안공항 개항과 관련해 지금까지 지역 내에는 뚜렷한 두 가지 목소리가 상존했다. 무안공항을 명실상부한 서남권 거점 공항으로 육성하기 위해서는 광주공항의 기능을 이전하는 것이 불가피하다는 주장과 광주공항을 존속시키면서 무안공항의 독자적인 활성화 방안을 모색해야 한다는 것이 그것이다. 그런데 상반된 두 가지 목소리가 무안공항 개항을 놓고 정면충돌하고 있다.

그렇다면 왜 지역 여론이 분열되고 있는가? 이는 앞서 말한 상반된 주장을 조정하지 못하는 지방자치단체와 중앙 부처에 일차적인 책임이 있다. 행정기관의 안이한 대처가 지역 여론을 분열시킨 셈이다.

무안공항 개항이 거론되면서 지역 내에서는 광주공항의 기능 재설정에 대한 논의가 계속 불거졌다. 무안공항이 개항되면 광주공항의 기능 축소는 불가피하고 이에 대한 반대 여론이 비등할 것이 예상된다. 하지만 광주시와 전라남도는 미온적으로 대처해 화를 키웠다. 건설교통부(현 국토교통부) 또한 마찬가지다. 공항 관련 인프라가 완비되지 않은 상태에서 참여정부 임기 내에 개항하려는 조급증이 문제를 키웠다. 특히 광주-무안고속도로가 완공되지 않은 상황에서 광주공항의 국제선 이전은 광주 시민의 불만을 사기에 충분했다.

광주공항 국제선 이전을 반대하는 지역 상공인 또한 비판에서 자유롭지 못하다. 물론 이들의 주장이 틀린 것은 아니다. 하지만 이들이 놓치고 있는 점이 있다. 그것은 무안공항의 건설 배경이다. 무안공항은 광주·전라남도에도 민간 공항(광주공항은 군용 시설이다)이 있어야 한다는 지역민의 요구에 따라 10년 전에 시작된 국책 사업이다. 무안공항을 서남권 거점 공항으로 육성시키기 위해 광주공항의 기능 이전을 전제로 건설됐다. 당시에 광주공항과 무안공항을 존속시켜야 한다는 주장이 있었다면 아마도 무안공항은 태어나지 못했을 것이다.

그렇다고 무안공항 개항을 눈앞에 두고 책임 공방만을 벌일 수는 없다. 무안공항을 예정대로 개항하면서 공항의 조기 활성화는 물론이고, 여객과 화물 이용의 비용을 최소화하는 방안을 모색해야 한다.

많은 전문가와 지역민은 무안공항의 개항 필요성과 무안공항이 향후 이 지역에서 차지할 역할에 대해서는 동의하고 있다. 반면에 무안공항이 여객과 화물 수요를 견인할 인프라가 부족한 상태에서 무리하게 광주공항의 기능을 빼앗아 간다는 점을 비판하기도 한다. 이것이 광주시, 전라남도, 건설교통부가 유념할 점이다.

따라서 지역 내 파열음을 완화시킬 현실적 대안 중의 하나로 광주공항 국제선의 단계적 이전을 검토할 필요가 있다. 모든 국제선을 일거에 무안공항으로 이전하는 것보다는 안정적 여객 수요를 확보하고 있는 국제선만 이전하고, 걸음마 단계에 있는 노선은 한시적으로 광주공항이 처리하는 방안이다. 이는 광주시민의 반대 여론을 수용하고, 광주-무안고속도로의 미개통으로 인한 불편을 최소화하며, 광주시의 하늘길을 열어 두는 다목적 카드가 될 수 있다.

또한 국제선의 하늘길을 빼앗긴 광주의 자존심을 살리는 방안도 모색해야 한다. 공항 명칭을 광주·무안공항으로 개칭하는 것도 고려해 볼 만한 대안이 될 수 있을 것이다. 하지만 일부가 주장하는 무안공항 개항을 광주-무안고속도로가 완공되는 2008년으로 미루는 것은 적절하지 않다. 그것은 미봉책에 불과하기 때문이다.

결론적으로 말해서 무안공항은 예정대로 개항해야 한다. 그리고 공항의 조기 활성화를 위한 묘책을 우리 모두가 찾아야 한다. 무안공항은 무안 기업도시, J프로젝트 등 서남권에서 추진 중인 각종 대형 사업에 필수적인 인프라이기 때문이다.

- 광주일보, 2007. 10. 26.

06

불투명한 'J프로젝트'의 항로

영암과 해남의 서남해안 관광레저 기업도시가 우여곡절을 겪은 끝에 지난 25일 시범 사업지로 최종 확정되었다. 낙제점을 받고 1차 선정이 유보된 상태에서 환경 저감 대책을 보완해 통과된 것이다.

우리에게 잘 알려진 J프로젝트는 영암군 삼호읍과 해남군 산이면 일대의 간척지에 대규모 위락·레저 시설을 건설하는 사업이다. 2016년까지 약 2900만 평에 35조 원을 투자해 해양레저형 복합 단지를 건설하는 것이 목표인 J프로젝트는 전라남도가 개청한 이래 단일 사업으로는 최대 규모이다.

이번에 선정된 시범 사업은 1000만 평 부지에 10조 5000억 원을 투자해 골프장, 테마파크, 카지노와 호텔, F1 경기장, 주거 및 교육 시설 등을 건설하는 J프로젝트의 1단계 사업에 해당한다.

J프로젝트를 추진하는 목적은 여러 가지이다. 국제적인 경쟁력을 갖춘 관광레저도시를 건설해 급증하는 국민의 여가 수요를 충족시키고, 외국인 관광객의 유치를 통해 관광 수지의 적자도 개선하며, 낙후된 서남권의 활성화를 통해 국토 공간의 균형 발전을 도모하는 것이다.

게다가 J프로젝트는 전국에서 가장 못사는 전라남도의 미래를 멋지게 바꿀 '빅 프로젝트'이다. 왜냐하면 21세기 최대의 성장 산업인 관광을 지역의 성장 동력으로 착근시킬 수 있고, 전라남도 경제를 농업 중심에서 서비스 및 레저로 전환시키며, 서남해안이 동북아시아 관광 허브로 발돋움할 수 있는 여건도 확보할 수 있기 때문이다.

'동북아시아 최대 규모', '세계적인 관광레저도시' 등의 수식어가 붙은 J프로젝트가 연착륙할 수 있을까. 만약 그렇게 된다면, 그야말로 대박을 터뜨리는 '전라남도의 로또'가 될 수 있다. 하지만 J프로젝트의 항로가 순탄할 것 같지 않다. 풀어야 할 숙제가 너무 많기 때문이다.

환경 저감 대책과 환경단체의 반발, 부동산 투기, 간척지의 무상 양도, 실천 가능한 마스터플랜 수립 등은 J프로젝트의 순항에 영향을 미치는 중요한 변수이다. 그러나 이들 변수는 그렇게 어렵지 않게 해결할 수 있다. 가장 어렵고 중요한 문제는 10조 원에 달하는 천문학적 투자재원의 확보이다.

전라남도는 국내외 투자가로부터 소요 재원의 약 80%를 조달할 계획이다. 그러나 안정된 투자가의 확보가 쉽지 않을 것으로 보인다. 실제로 전국경제인연합회(이하 '전경련') 컨소시엄에 국내 대기업이 거의 빠져 있다. 사업의 실현성을 낮게 평가한 결과이다.

또한 이런 상황은 외국 자본의 투자를 더디게 할 개연성이 많다. 현재 소수의 외국 기업이 컨소시엄에 참여하고 있지만, 천문학적 투자 규모를 고려하면 조족지혈(鳥足之血) 수준이다. 국내외 민간 자본의 투자가 담보되지 않은 J프로젝트의 미래는 불투명할 뿐이다.

그렇다고 J프로젝트의 항해에 등대가 없는 것은 아니다. 국내외 투자를 유인할 묘책이 있다. 무엇보다도 먼저 개발 규모를 대폭 축소해 사업의 실현성을 높여야 한다. 사업 면적을 500만 평으로 축소하는 것도 좋은 대안이다. 2016년까지 35조 원을 투자한다는 계획은 너무 작위적이다. 분홍빛 청사진이라는 비판이 제기되는 이유가 바로 여기에 있다.

그뿐만 아니라 J프로젝트를 보다 구체화·차별화해야 한다. 현재 서해안에는 네 가지 해양레저 개발이 진행되고 있다. 인천 송도, 충청남도 태안, 전라북도 새만금, 영암·해남이 그것이다. 이들 프로젝트의 공통점은 골프장과 해양형 레저도시 개발이다. 민간 투자가들이 송도의 수족관과 해남의 수족관, 현대건설의 골프장과 해남의 골프장 중에서 어느 곳의 손을 들어 줄지 의문스럽다.

J프로젝트는 여러 측면에서 사업의 적합성과 타당성을 가지고 있다. 그러나 '구슬이 서 말이라도 꿰어야 보배'라는 속담처럼 J프로젝트가 순항하기 위한 1차 과제는 민간 투자의 확보이다. 사업을 하겠다는 투자가와 기업이 없으면, J프로젝트는 청사진으로 끝나 버릴 수 있다.

박준영 전라남도 도지사는 J프로젝트의 시범 사업 선정으로 체면은 살렸다. 불투명한 J프로젝트의 순항을 위해 박 도지사가 적극적으로 등대지기를 자처해야 한다. 내년 선거를 의식해 도내를 순회할 것이 아니라 능통한 영어 실력을 발휘해 외국 투자가를 직접 찾아 나서야 한다. 앞날이 불투명한 J프로젝트가 부디 순항하길 기대할 뿐이다.

- 광주매일, 2005. 08. 29.

07

광주전남발전연구원 분리, 상생 깨는가

지역 발전의 싱크탱크 역할을 수행하고 있는 광주전남발전연구원(이하 '광전연')이 심한 혼돈에 빠졌다. 9일 광주시와 전라남도가 광전연의 분리를 공식 발표했기 때문이다.

지역 발전을 위해 새로운 비전을 마련하고 실천 전략의 도출을 위해 고민해야 할 광전연의 연구 기능이 혼돈 상태에 빠진 것은 지역 발전에 심히 부정적이다. 특히 지역 발전에 관한 각종 선거 공약이 난무할 대선이 치러질 올해의 정치적 상황을 고려하면 더욱 그렇다.

광주시와 전라남도가 광전연의 분리를 공식화하면서 제시한 이유를 보면 시대착오적, 행정 편의적, 지역이기주의적 행태를 보는 것 같아 심히 안타깝다. 밀실에서 연구원의 분리를 결정한 광주시장과 전라남도 도지사의 행태는 시대착오적이다 못해 지역민에 대한 배신이라고 아니할 수 없다.

오늘날 지역개발 방식에서 새롭게 강조되는 패러다임이 '지역 간 협력과 제휴'이다. 과거에는 각종 개발계획을 행정구역 내로 한정해 수립하고 시행했다. 인접한 지역을 경쟁의 상대로 생각했고, 인접 지역의 성공을 곧 자기 지역의 실패로 간주했다.

그러나 오늘날에는 변화가 생겼다. 인접한 지역의 자원을 공유하기 위해 행정구역의 경계를 넘어 광역적으로 개발계획을 수립한다. 공동 투자를 통해 성과를 공유하고, 이를 위해 여러 지역이 서로 협력하고 제휴한다. '모든 지역이 승리하는 경쟁', '승리하기 위한 지역 간 협력과 제휴'로 개발 방식의 사고가 바뀐 것이다.

지역 간 협력과 제휴의 사례는 매우 많다. 일본에서는 1998년부터 지역 간 협력과 제휴를 통해 도시 관리 및 지역 발전 계획을 수립했다. 행정구역의 통합과 연대를 통해 지방정부의 경쟁력을 높이고 있으며, 2018년을 목표로 규슈와 오키나와 등 8개 현을 합병해 '규슈 자치주'로 만들려는 구상이 대표적이다. 우리나라도 제4차 국토종합개발계획부터 행정구역을 탈피한 광역권 개발 방식을 도입했다. 시도 간 협력과 제휴는 필수적이고, 작게는 시·군급 행정구역 간 통합과 연계도 활발하다. 광주-목포권, 광양만-진주권 광역 개발이 좋은 사례이다.

그런데 광주시장과 전라남도 도지사는 실망스럽게도 이 같은 지역개발 방식의 패러다임과 정반대의 길로 치닫는 결정을 내렸다. 행정구역의 경계를 초월한 지역 발전의 비전 수립과 구체적인 실천 계획의 시행 과정에 인접한 지방자치단체와 협력과 제휴를 강조하는 대세를 역행한 것이다.

광주와 전라남도의 '한 뿌리론'을 강조할 필요까지도 없다. 기실 광주와 전라남도는 경제적·기능적으로 상호 보완적인 측면이 매우 강하다. 역사적 관점에서 보면 더욱 그렇다. 문화와 관광, 도시 행정과 농촌 행정, 제조업과 농수산업은 서로 분리된 것이 아니라 기능적으로 연계되어 있다. 단지 중심지와 배후지 체계를 형성한 하나의 광역 경제권 내에서 공간적으로 분업화된 형태일 뿐이다.

경제적·기능적으로 관련성이 적은 공간을 하나로 묶은 광역권 개발에서 인접한 지역과의 협력과 제휴는 오늘날 세계적인 추세이다. 하물며 역사적·경제적·기능적으로 상호 보완적인 관계를 가지고 있는 광주와 전라남도의 협력과 제휴는 두말할 필요가 없다. 광주와 전라남도가 행정구역을 초월해 광역 개발을 시행해도 부족한 상황이다.

그렇다면 광전연이 광주와 전라남도의 연구원으로 분리되면 어떤 일이 벌어질까? 결과는 뻔하다. 나주의 공동혁신도시와 같은 두 지방자치단체가 상생 발전할 수 있는 프로젝트는 구조적으로 만들어질 수 없다. 게다가 광주 대도시권 개발계획을 놓고 광주와 전라남도가 소모적인 갈등을 겪게 될 것이다. 광주와 전라남도가 자기모순에 빠져서 자멸할 프로젝트가 수없이 양산될 것이고, 두 지역이 윈윈(win-win)할 대규모 신규 프로젝트의 국가 지원은 요원해질 것이 분명하다.

광전연의 분리는 지역개발 방식의 패러다임을 부정하는 시대착오적 발상이다. 더욱이 광주시민과 전라남도민 누구에게도 이익이 되지 않는 결정이다. 광주시와 전라남도가 충실한 견마(犬馬)의 역할을 수행하는 싱크탱크를 기대하는 것이 아니라면, 광전연의 분리는 미친 짓이다. 지역이기주의와 행정 편의적 발상에 사로잡혀 교각살우의 잘못을 범하지 않길, 박광태 시장과 박준영 도지사에게 촉구한다.

- 광주일보, 2007. 01. 11.

08

오거돈 장관이 비판받는 이유

오거돈 해양수산부 장관이 우리나라 항만 정책의 근간인 투포트(two-port) 정책을 부정하는 발언으로 지역민의 거센 비난에 직면해 있다. 광양 지역의 시민단체들은 오 장관을 규탄하는 성명을 연일 발표하고 있다.

오 장관은 지난 14일 싱가포르 현지에서 주재한 국내 선사 대표들과의 간담회에서 우리나라의 항만 정책과 관련해 "대표 선수(항만)를 하나만 키워야 경쟁력이 있다."라고 말해 말썽을 일으켰다.

오 장관의 발언은 간담회에 참석한 선사 대표가 "싱가포르는 하나의 항만을 집중적으로 육성해 물류 분야에서 최고의 경쟁력을 가지고 있는데, 우리나라는 부산항 외에 다른 곳도 육성하는 바람에 오히려 경쟁력이 떨어지고 있다."라는 발언에 대한 답변 과정에서 나온 것으로 보도됐다.

오 장관 발언의 핵심은 우리나라 항만 중에서 부산항만을 집중 육성해야 한다는 것이다. 광양항과 부산항을 육성하는 투포트 정책이 아닌 부산항을 거점 항구인 메가포트(mega-port)로 육성해야 한다는 논리이다. 즉 경쟁력이 낮은 광양항보다는 부산항에 집중 투자하는 것이 바람직하다는 주장이다.

싱가포르 간담회의 전후 맥락을 고려하면, 오 장관의 발언을 이해하지 못하는 것도 아니고, 틀린 것도 물론 아니다. 왜냐하면 경쟁력 있는 항만 육성이라는 차원에서 나온 발언이기 때문이다.

오 장관이 지금까지 여러 번 발언한 부산 중심의 원포트(one-port)를 육성해야 한다는 시각도 전혀 이해하지 못하는 것은 아니다. 부산과 부산시민을 사랑하는, 부산시장에 애착을 가지고 있는 오 장관의 애향심과 정치적 욕심을 이해한다. 광양항 개발로 부산항에 대한 직간접 투자가 상대적으로 지연·축소된 것도 동의한다. 근대화 개항 이후 우리나라의 대표 항만인 부산이 일천한 광양항과 경쟁해야 한다는 사실 때문에 생긴 부산시민의 자존심 상처도 잘 알고 있다.

그런데 오 장관의 '대표항만육성정책' 발언으로 광양 지역에서는 오 장관의 발언을 성토하는 분위기가 계속되고 있다. 그렇다면 오 장관은 왜 비판을 받아야 하는가. 그 대답은 세 가지로 요약될 수 있다.

첫째, 정부의 항만 정책을 총괄하는 장관이 정부 정책에 반하는 의견을 계속 피력하고 있다는 점이다. 우리나라 항만 정책은 1980년대에 접어들어 부산이라는 대표 항만을 육성하는 원포트 정책에서 부산항과 광양항을 동시에 개발·육성한다는 투포트 정책으로 전환됐다. 그리고 이런 정책 기조는 노태우 정권 이후 지금까지 일관되게 유지되고 있는 핵심 사항이다.

실제로 정부의 투포트 육성 정책은 아직까지 불변이다. 국가의 항만 정책이 변하지 않았으면, 정부가 고시한 투포트 정책을 견지하는 것이 당연한 이치이다. 특히 주무 장관의 도리이다. 정부의 항만 정책을 지휘하는 장관은 국가의 방침대로 투포트 정책을 유지하면 된다. 그런데 오 장관은 투포트 정책의 수정을 요구하는 발언을 계속하고 있다는 점이 문제이다.

둘째, 해양수산부 장관으로서 직무를 유기하고 있다. 오 장관이 개인적으로 선호하는 항만 정책은 원포트인 것으로 보인다. 그러면 원포트를 무작정 주장할 것이 아니라, 항만 정책의 전환을 위한 공론화를 시도하면 된다. 그리고 투포트 정책의 문제와 한계를 해결할 수 없어 국가 경쟁력이 떨어지기 때문에 원포트로 전환해야 한다고 설득하고, 이를 정책으로 확정하면 된다. 이런 합리적 과정을 제쳐두고 계속 유언비어성 사발통문을 돌리고 있다. 직무 유기가 분명하다.

셋째, 오 장관의 수법은 매우 교묘하고 계획적이다. 원포트 정책을 주장하는 오 장관의 발언은 이번에 처음 나온 것이 아니다. 2003년 부산시장 권한 대행 시절과 해양수산부 장관 취임사에서도 투포트 정책의 수정을 주장해 파문을 일으켰다. 그리고 문제가 되면 슬그머니 꼬리를 내리는 해명 발언을 하는 식이었다. 시도 때도 없이 원포트 육성을 주장하는 오 장관을 도무지 이해할 수 없다. 오죽했으면 전라남도 기획관리실장이 장관의 책임성을 따졌을까.

원포트냐 투포트냐의 항만 정책 기조는 국내외 상황 변화에 따라 얼마든지 변할 수 있다. 국가 경쟁력을 위해서도 그래야 한다. 그러나 현재와 같이 해양수산부 장관이 개인의 소신을 국가 정책으로 몰고 가고,

수정하려는 태도는 잘못된 것이다. 비판받아 마땅하다.

오 장관은 자기의 정치적 이익만을 고려해 국가 정책을 좌지우지하려는 소시민적 행태에서 벗어나기 바란다. 오 장관은 '장관론'에 대한 공부를 다시 해야 되지 않을까.

- 광주매일, 2005. 09. 26.

제2부

지역 문제와 지역 정책

대선 공약, 전략적 태도가 필요하다

제17대 대통령 선거(이하 '대선')가 100여 일 앞으로 다가왔다. 한나라 당 후보가 확정된 상태에서 국민적 관심사는 누가 범여권 후보가 되고, 높은 지지를 받고 있는 이명박 후보가 대권을 쟁취할 수 있느냐에 모아 지고 있다. 광주·전라남도 지역민 또한 예외가 아니다.

대선 레이스(race)가 본격화되면, 이명박 후보의 지지율 추이, 범여권 대선 후보 선출과 단일화, 남북 정상회담, 정당의 네거티브 전략 등이 국민적 이목을 집중시킬 좋은 소재이다.

하지만 이러한 관심사와 별개로 광주·전라남도 지역이 관심을 가지 고 챙겨야 할 숙제가 있다. 그것은 다름 아닌 광주·전라남도의 발전을 담보할 대형 공약을 발굴해서 대선 후보에게 제공하는 것이다.

특히 중앙집권적인 우리나라 정치 제도에서 대통령의 선거 공약은 국방과 외교 정책은 물론이고, 아파트 가격과 같은 서민 경제, 대형 사 회간접자본(Social Overhead Capital, SOC) 사업과 공단 조성 등에 결정적 인 영향을 미치기 때문이다.

실제로 대통령의 선거 공약에 의해 대규모 지역 발전 프로젝트가 추진된 사례는 아주 많다. YS정권의 가덕 신항만 개발, DJ정권의 대구 밀라노 프로젝트, 참여정부의 광주 아시아문화중심도시 조성사업 등이 대표적이다.

이런 측면에서 일자리를 만들어 지역 인구의 역외 유출을 막고, 지역 경제를 활성화시킬 신성장 동력을 확보하기 위해서는 대선 후보들이 채택 가능한 지역 사업을 발굴하고, 이들 사업이 대선 후보의 공약이 되도록 노력하는 작업이 중요하다.

최근 "광주매일"(9월 10일자)은 광주와 전라남도의 10대 대선 공약을 제시했다. 영산강 개발 프로젝트, 호남고속철 조기 완공 등이 그것이다. 광주시와 전라남도는 공약 발굴을 위한 태스크포스팀(Task Force Team)을 만들고, 조만간 공약 사업을 제안할 예정이라는 소식이다. 지방자치단체의 이런 준비는 나쁘지 않다.

그러나 지역사회가 제시한 사업을 대선 공약으로 온전히 수용할 후보는 아무도 없다. 대선 후보들은 각자의 특기와 장점을 부각시킬 차별적인 공약을 만들어 유권자의 표심을 자극하려고 하기 때문이다. 문제는 대선 공약으로 활용 가능한 사업 발굴도 중요하지만, 대선 후보의 정책 캠프를 설득시킬 논리 개발이 보다 중요하다.

따라서 지역민이 선호하는 대형 사업이 대선 후보의 공약으로 채택되기 위해서는 전략적 관점에서 접근해야 한다. 모든 대선 후보들은 지역 표심을 자극할 공약을 만들기 위해 지역의 전문가를 정책 캠프에 참여시키고 있다. 유력 대선 후보의 정책 캠프에서 활동하는 전문가들과 협력하여 지역민이 선호하는 대형 사업을 후보 공약으로 채택하도록 설득하는 작업이 필요하다.

또한 대선 후보의 관심은 유권자의 표에 있다. 우리 지역이 낙후되어 있고, 역차별을 받고 있으니까 대형 프로젝트가 필요하다는 식의 읍소형 주문보다는 왜 이 사업이 필요하고, 이 사업을 공약으로 채택하면 지역 표심을 얼마나 사로잡을 수 있는지를 명쾌하게 설명하는 전략적 태도를 취해야 한다.

특히 일자리를 창출하고 인구 유출을 억제해야 할 지역 상황을 고려하여 후보자의 경제적 성향도 공약화 과정에서 따져 봐야 한다. 또한 신규 사업을 제시할 것인지, 아니면 과거 정권에서 추진하려다 좌초되거나 지연된 사업을 제안할 것인지도 전략적으로 판단해야 한다.

여러 개인과 기관이 활용 가능한 대선 공약을 쏟아내고 있다. 하지만 '구슬이 서 말이라도 꿰어야 보배'이다. 일자리를 만들고 지역 경제를 활성화시킬 대형 사업이 유력한 대선 후보의 공약이 되도록 지역민이 지혜를 모아야 한다.

- 광주매일, 2007. 09. 14.

10

이전할 기관을 고려한 혁신도시 입지

혁신도시 입지 선정의 지침이 발표되면서, 향후 광주·전라남도가 공동으로 건설할 혁신도시 입지 문제가 지역의 뜨거운 이슈로 등장하고 있다.

그런데 지역이기주의에 매몰된 일부 사람과 단체가 광주·전라남도의 공동혁신도시 건설 구상에 딴죽을 걸고 있다. 그러나 이런 행동은 결코 바람직하지 않다. 수도권의 공공 기관들이 가장 이전하기 싫어하는 지역이 광주·전라남도이기 때문이다.

광주·전라남도는 지방으로 이전하는 공공 기관을 한곳에 모아 공동혁신도시를 건설한다는 원칙을 세웠다. 공동혁신도시의 건설은 광주·전라남도의 상생 발전, 건설 효과의 극대화, 대규모 혁신 클러스터의 구축이라는 측면에서 명분과 실리를 가지고 있는 매우 바람직한 발상이다.

물론 광주시는 지방세의 징수에 많은 불이익이 있다. 그러나 광주 인접 지역에 혁신도시가 건설되면, 시역 확대 효과와 함께 도시 건설의 이익을 절대적으로 향유할 수 있다. 전라남도 또한 신도시 건설로 인구 유입과 성장 거점의 확보라는 이점이 있다.

실제로 혁신도시의 입지 선정을 놓고 고심하고 있는 대구와 경상북도에서는 광주·전라남도 지역에서 논의하고 있는 공동혁신도시에 많은 관심을 가지고 있다고 한다. 공동혁신도시의 장점이 많다는 것을 증명하는 좋은 사례이다.

현재 광주전남발전연구원에서는 공동혁신도시 입지 선정을 위한 작업에 착수했다. 이런 시점에서 공동혁신도시 건설 계획에 대해 비판적 목소리를 낼 것이 아니라 합리적인 방법으로 최적 입지를 선정하라는 요구를 해야 한다. 합리적이고 민주적인 방법에 의한 최적의 입지 선정은 전라남도 지역으로의 이전을 주저하는 공공 기관들을 설득할 수 있는 좋은 대안이 될 수 있기 때문이다.

따라서 최적 입지의 기준 설정 및 과정에서 우선적으로 고려할 몇 가지 사항을 제안하고자 한다. 첫째는 교통 접근성이 양호해야 한다. 도로·KTX·공항 등 간선 교통망이 좋아야 하며, 향후 건설될 행정중심복합도시와의 접근성도 용이해야 한다.

둘째는 도시 개발의 용이성과 경제성이다. 즉 신도시 개발에는 막대한 재원이 필요하기 때문에 지가가 안정되어 개발 비용이 저렴한 곳, 도시 기반 시설 건설에 비용이 많이 소요되지 않는 곳, 기존 도시의 인프라를 쉽게 활용할 수 있는 곳, 민원 발생이 적고 지역 주민이 도시 건설에 우호적인 곳 등이 고려되어야 한다.

셋째는 혁신 거점으로서의 적합성이다. 혁신도시는 단순한 신도시가 아니라 지역 특화 및 전략 산업과 연계하여 혁신 클러스터를 구축하고,

이를 바탕으로 지역 발전을 도모하는 성장 거점이다. 따라서 대학과 연구 기관, 기업 등이 협력하여 클러스터를 구축하기에 용이해야 한다.

넷째는 친환경적 개발 가능성이다. 도시 건설에 따른 자연환경의 훼손을 최소화하기 위해서는 보전 가치가 높은 녹지와 산림, 그린벨트 등은 철저히 보호되어야 한다.

앞서 언급한 사항들은 앞으로 구성될 입지선정위원회에서 합리적으로 처리될 것이다. 그러나 최적 입지 선정 과정에서 명심해야 할 가장 중요한 것이 있다. 그것은 혁신도시에서 거주할 공공 기관 종사자들의 의견을 수렴하는 작업이다.

일반적으로 아파트를 구입할 때, 가장 중요한 것은 그곳에 거주할 당사자의 의견이다. 집의 크기나 위치는 다음 순서이다. 혁신도시 입지 또한 마찬가지이다. 앞서 언급한 네 가지 기준에 입각해서 객관적으로 평가되어야 하지만, 공공 기관 종사자들의 의견 수렴은 지극히 당연한 일이다.

만약 이전할 공공 기관의 의견이 공정하게 수렴되지 못하면 어떤 결과가 발생할까. 그 결과 혁신도시 건설이 지지부진하게 진행되고, 지리멸렬하게 끝날 개연성이 매우 많다. 정부가 공공 기관에게 다양한 당근과 채찍을 동시에 사용할 것이다. 그러나 이전할 기관들이 이런저런 평계로 외면하면, 혁신도시 건설이 상당히 늦어질 것이다.

이런 측면에서 혁신도시 건설 목표에 부합하면서 광주·전라남도 지역으로 이전할 공공 기관 종사자들이 선호하고, 이들을 합리적으로 설득할 수 있는 입지 선정은 아무리 강조해도 지나치지 않다.

이제 주사위는 던져졌다. 혁신도시 건설을 앞당기고 효과를 극대화
할 수 있는 지혜를 모아야 한다. 이것은 온전히 지역민의 몫이다.

- 광주매일, 2005. 07. 29.

11
공동혁신도시가 성공하려면

지역민의 이목을 집중시켰던 광주·전라남도의 공동혁신도시 입지 후보지로 나주시 금천면 일원이 1순위로 선정됐다. 선정 과정은 합리적이고 민주적으로 진행됐고, 선정위원들은 진지한 토론을 통해 거의 합의 수준에 가까운 공통된 의견으로 1순위를 도출했다. 일부에서 제기하고 있는 '짜고 치는 고스톱'은 절대 아니었다.

3개의 예비 후보지는 혁신도시 건설에 필요한 기본 조건을 확보했고, 각각 장단점이 있었다. 그러나 24명의 선정위원들은 혁신도시로서의 발전 가능성, 전원형 도시의 가능성, 간선 교통망 및 생활 편익 시설과의 접근성, 개발의 경제성, 장기적인 지역 발전축과 연계성 등에 비중을 두고 나주시 금천면 일원을 1순위로 선정했다.

시도지사가 건설교통부(현 국토교통부) 장관과 협의를 거쳐 금천일원을 최종 입지로 확정하는 절차만 남았다. 그리고 2006에 환경 영향 평가, 용지 보상, 사옥 설계가 행해진다. 빠르면 2007년 하반기부터 도시 건설이 시작되고, 2012년에 혁신도시가 완공될 예정이다. 앞으로의 문제는 빠른 시간 내에 공공 기관을 순조롭게 이전시켜 혁신도시를 광주·전라남도 발전의 신성장 동력으로 키우는 것이다.

그러면 어떻게 해야 하는가? 성공 조건은 많다. 가장 중요한 전제는 혁신도시 건설에 대한 지역사회의 응집된 의지와 합의이다. 공동혁신도시 건설 계획에 딴지를 걸고, 소지역주의에 매몰되어 지역 여론을 분열시키면, 사업 시행은 계속 늦어지기 때문이다.

실제로 우리 지역으로 이전할 공공 기관은 참여정부의 혁신도시 프로젝트가 실패하고 지연되길 은근히 바라고 있다. 그러면서도 지방 이전이 피할 수 없는 대세라면, 도시의 발전 지속성과 가능성을 담보할 수 있는 입지로 빨리 이전하길 원하고 있다. 한국전력공사(이하 '한전')은 공동혁신도시에 동의하고 있고, 17개 공공 기관은 지역민의 여론이 분열되지 않은 입지를 가장 선호하고 있다.

그러므로 공동혁신도시에 대한 지역민의 의지와 합의를 분열시키는 요인을 사전에 제거하는 것이 성공의 전제이다. 가장 경계하는 것은 입지 선정 결과에 대한 불복이다. 담양과 장성은 혁신도시 유치를 놓고 멋진 승부를 펼쳤다. 이제는 선정 결과에 승복하는 성숙한 모습을 보여주어야 한다. 특히 일부 지방자치단체의 과도한 비방과 갈등을 부추기는 행위는 몹시 언짢다. 혹시 내년의 지방선거를 의식해 오버하는 것이 아닌지 의심스럽다.

경계해야 할 걸림돌은 또 있다. 열린우리당 소속 일부 정치인과 특정 단체이다. 모 구청장은 한전의 광주 이전을 주장하며 지역 여론을 분열시키고 있다. 열린우리당 소속 광주시의원들은 박광태 시장이 시민 의견을 수렴하지 않았다는 이유로 공동혁신도시를 원점으로 돌리려는 공세를 펼치고 있다. 특정 단체는 새삼스럽게 주민 투표를 운운하고 있다. 광양만권의 열린우리당 국회의원들 또한 공동혁신도시를 두 개로 쪼개자는 허무맹랑한 소리를 했다.

공동혁신도시는 대승적 차원에서 박광태 시장과 박준영 도지사가 내년 선거를 의식하지 않고 광주·전라남도의 상생 발전을 위해 결정한 걸작이다. 또한 공동혁신도시 건설 계획은 어제 오늘의 일이 아니고, 지난 6월에 이미 합의된 것이다. 게다가 공동혁신도시는 명분과 실리를 동시에 갖기 때문에 많은 전문가와 지역민의 폭넓은 지지를 받았고, 대부분 지역민들은 묵시적으로 동의했다. 공동혁신도시가 아니었으면, 광주의 한전 유치가 어려웠다는 사실을 명심해야 한다.

지역 균형 발전을 국정의 핵심 과제로 설정한 참여정부에게 외국에서 성공한 공공기관 지방 이전은 화급한 프로젝트이다. 성과에 굶주린 참여정부는 혁신도시 건설을 일사천리로 진행시킬 것이 확실하다.

따라서 정부 정책에 편승해 혁신도시를 성공시킬 일차적 관문은 입지 선정 결과를 수용하는 것이다. 그리고 혁신도시를 성공시키겠다는 합의된 지역 여론을 만들고, 이를 외부에 확산시키는 것이다. 입지 선정 결과에 대한 불복과 지역사회가 합의한 공동혁신도시라는 대의를 분열시키는 행위를 경계하는 이유가 여기에 있다.

명분과 실리가 있고, 전국이 주목하는 공동혁신도시 건설은 아무리 강조해도 지나치지 않다. 공동혁신도시 성공 여부는 정치인이 아닌 합리적 사고를 가진 지역민의 몫이다.

- 광주일보, 2005. 11. 18.

12

공동혁신도시, 떡잎의 색깔은?

'될 성 부른 나무는 떡잎부터 알아본다.'라고 했다. 모든 일에는 시작과 끝이 있기 때문에 시작이 좋으면 끝이 좋고, 좋은 시작은 절반의 성공을 보장한다는 속담이다. 그러면 광주와 전라남도가 공동으로 추진하고 있는 혁신도시의 떡잎은 어떤 색깔일까?

사업 시행자인 토지공사(현 한국토지주택공사)는 지난 5월 공동혁신도시 기본 구상과 지구 지정을 위한 연구 용역을 발주했다. 연구 용역 결과를 토대로 토지공사는 약 230만 평을 혁신도시 개발 지구로 잠정 확정하고, 조만간 지구 지정을 위한 제안서를 건설교통부(현 국토교통부)에 제출할 예정이다. 지구 지정 제안서가 제출되면, 관계 기관의 협의를 거쳐 오는 9월 말 또는 10월 중에 지구 지정이 최종 완료된다.

그러나 첫걸음을 내딛고 있는 공동혁신도시의 떡잎 색깔이 그다지 좋아 보이지 않는다. 미래형의 도시 비전을 설정하는 것과 이를 효과적으로 달성하기 위한 최적의 개발 지구를 합리적으로 정하는 것이 공동혁신도시 건설의 첫걸음이다. 하지만 230만 평이 도출된 과정에 대한 설명이 전혀 없다. 게다가 광주시장과 전라남도 도지사가 개발 지구의 위치 변경을 시도하고 있기 때문이다.

공동혁신도시 개발 콘셉트가 확정되지 않은 상태에서 위치와 범위가 정해진 것이 지구 지정의 가장 큰 문제점이다. 여염집에서도 새집을 지을 때, 어떤 집을 지을 것인가를 먼저 결정하고 집터를 장만한다. 2층 양옥인가 아니면 1층 한옥인가를 먼저 결정한다. 그리고 새집의 규모와 배치를 고려해 그에 걸맞은 부지를 마련한다. 이것이 일반적인 순서이다. 공동혁신도시가 추구하는 도시 비전을 먼저 설정하고, 이를 바탕으로 230만 평의 위치와 범위가 산정되어야 한다. 그러나 공동혁신도시 지구 지정이 이런 과정을 거쳤는지 알 수 없다. 혁신도시의 비전과 콘셉트가 일반에 공개되지 않았기 때문이다.

둘째는 지구 지정을 위한 이해 당사자들의 의견 수렴이 부족했다. 혁신도시에는 17개 공공 기관에 종사하는 직원과 가족, 광주와 전라남도에 살고 있는 주민들이 거주하게 된다. 또한 나주시 금천면 일대에 살고 있는 주민들은 생업의 터전을 잃고 다른 곳으로 거주지를 옮겨야 한다. 따라서 공공 기관 직원과 원주민에 대한 의견 수렴은 필수적이다. 그뿐만 아니라 혁신도시에 관심을 가지는 지역 내 전문가들을 대상으로 의견을 청취하는 것도 바람직하다. 그러나 실상은 정반대이다. 공청회는 고사하고, 지역 주민이나 전문가를 대상으로 간담회를 가졌다는 흔적을 찾기가 쉽지 않다.

셋째는 사업 시행자인 토지공사가 시간이 없다는 핑계로 지구 지정을 일사천리로 몰아갔다는 점이다. 지구 지정 용역을 실시한 지 불과 두 달 만에 230만 평이 도출됐다. 그래서 용역 과제 연구진이 토지공사의 '들러리'라는 의심을 받고 있다. 물론 면적 산출 과정에 광주시와 전라남도 간의 견해가 달랐고, 일부 전문가들이 문제를 지적해 개발 면적이 약간 조정됐다. 하지만 면적 조정에 대한 설명 또한 명쾌하지 않다.

문제는 또 있다. 박광태 시장과 박준영 도지사의 일방적인 합의로 230만 평 개발 지구의 위치가 변경될 처지에 놓였다. 공동혁신도시는 시장과 도지사의 멋진 합작품이었다. 그러나 그렇다고 둘만의 전리품은 아니다. 그런데 자기들 마음대로 위치를 광주 방향으로 옮긴다고 한다. 위치와 면적은 필요에 따라 변경할 수도 있다. 대신에 합당한 논리와 이유를 제시해 지역민의 동의를 구해야 한다. 공동혁신도시가 두 사람만의 전리품이 아니라면, 야합이라는 비난을 피하기 위해서라도 위치 변경에 대한 합리적인 이유를 설명해야 한다.

지역민들은 공동혁신도시가 성공하길 바란다. 혁신도시 건설이 지역 인구를 증가시키고, 관련 산업이 클러스터를 구축해 지역의 산업구조가 경쟁력을 가지도록 재편되길 원한다. 실제로 나주의 공동혁신도시를 전국에서 가장 모범적인 명품 도시로 만들면 불가능하지도 않다.

따라서 공동혁신도시 성공의 첫걸음은 미래형 도시 콘셉트 설정과 그에 합당한 개발 지구 지정에서 출발한다. 그러나 첫걸음을 내딛는 공동혁신도시의 떡잎 색깔이 이런저런 이유로 건강해 보이지를 않는다. 지구 지정 과정의 모호성과 비공개성, 뜬금없는 위치 변경 등이 떡잎 색깔을 나쁘게 하기 때문이다.

공동혁신도시의 떡잎 색깔에 대한 필자의 걱정이 한낱 기우에 그치길 기대할 뿐이다. 하지만 '모 농사가 반(半)농사다.'라는 말처럼, 풍년

이 되려면 우선 '모 농사'가 잘돼야 한다. 이는 농부도 알고 있는 상식
이다.

- 광주일보, 2006. 07. 31.

13

영산강 시대를 열어 갈 공동혁신도시

전국의 10개 혁신도시 중에서 가장 모범적인 사례로 평가받고 있는 광주·전라남도 공동혁신도시 건설을 위한 첫 삽이 떠졌다.

많은 전문가들은 참여정부가 국가 균형 발전을 위해 추진한 사업 중에서 공공 기관 이전 정책을 단연 1순위로 꼽는 데 주저하지 않는다. 이유는 혁신도시가 수도권의 인구 안정화는 물론이고 지역의 혁신 역량을 제고시켜 낙후된 지역 경제 활성화에 결정적인 영향을 미칠 것이기 때문이다. 천년 목사골인 나주 금천에 건설될 공동혁신도시 또한 마찬가지이다.

공동혁신도시는 생명도시와 '그린에너지피아(green energypia)'를 지향하는 약 220만 평 규모의 신도시이다. 건설 사업이 순조롭게 진행된다면, 오는 2009년 하반기부터 이전 기관의 청사가 건립되고, 2012년에는 17개 공공 기관이 입주하여 약 4만 명을 수용할 미래형 신도시가 탄생할 것이다.

공동혁신도시가 지역 발전에 미칠 효과는 매우 크다. 17개 공공 기관과 직간접적으로 관련된 기업·연구소·단체들이 신도시에 입주하여 지방 세수의 증대, 지역의 전략 산업과 연계한 클러스터 구축, 지역 인력의 취업 기회 확대와 그에 따른 지방 교육의 질적 향상, 신도시의 관광 명소화 등이 그것이다.

그러나 공동혁신도시 건설이 가지는 보다 중요한 의미는 혁신도시가 광주·전라남도의 공간 구조와 산업구조를 재편시킬 것이라는 점이다. 실제로 이 지역은 광주 대도시권, 광양만권, 영산강 유역권으로 삼분된 공간 구조로 되어 있고, 목포와 광주를 연결하는 영산강 유역권은 남도의 젖줄임에도 불구하고 그동안 성장의 사각 지역이었다. 하지만 혁신도시가 건설됨에 따라 영산강 유역권이 지역의 신성장 벨트로 부상할 수 있다.

또한 공동혁신도시는 지역의 산업구조를 재편시킬 기회를 제공할 것이다. 백색가전, 광, 생명, 조선 등의 전략 산업에 에너지 산업이 추가되어 지역의 산업구조가 재편될 수 있다. 특히 국내 최대 기업인 한전은 신산업형 영산강 밸리(광주-나주-목포)를 구축할 잠재력이 있기 때문이다.

이런 측면에서 나주 공동혁신도시는 영산강 시대를 선도하고, 지역 산업을 업그레이드시킬 메가 프로젝트임이 분명하다. 토지공사(현 한국토지주택공사)의 건설 작업은 순조롭게 진행될 것으로 예상된다. 문제는 공동혁신도시를 조기에 활성화시키는 것이다.

이를 위해서는 중앙정부, 지방자치단체의 역할도 중요하지만, 무엇보다도 중요한 것은 지역사회의 노력이다. 지역사회의 이해 관계자들은 광주와 전라남도가 독자적 혁신도시가 아닌 공동혁신도시를 건설한 배경을 유념해야 한다. 혁신도시의 과실을 따먹기 위한 지방자치단체 간 갈등은 철저히 배제돼야 한다. 특히 광주와 전라남도 간의 갈등은 최대 장애물이 될 개연성이 많다.

공동혁신도시 조기 활성화의 열쇠는 모든 사람들이 살고 싶은 명품 도시를 만드는 일이다. 거주 비용이 저렴한 도시, 편리하고 쾌적한 도시, 우수한 교육 환경을 갖춘 도시를 만들면 사람들은 모인다. 이것은 도시 건설의 기본이다.

나아가 이전 기관과 가족들이 안심하고 이주할 수 있는 사회적 환경을 만들어야 한다. '이전 기관 사랑 운동'을 전개하여 지역사회의 친기업 마인드를 조성하고 확산시킬 필요가 있다. 시민단체가 중심이 된 사회운동도 좋은 대안이라 본다.

결론적으로 말해서 공동혁신도시의 조기 활성화와 성공 여부는 중앙 정부가 아닌 지역사회의 몫이다. 공동혁신도시의 첫 삽은 떠졌다. 이제부터는 민관이 협력하여 이전 기관을 지원하는 거버넌스를 만들어야 한다. 이것이 지역민에게 부과된 숙제이다.

남도의 젖줄에 건설될 공동혁신도시는 지역사회의 큰 축복이다. 영산강 시대를 선도할 공동혁신도시의 순항과 성공을 기대한다.

- 광주일보, 2007. 11. 08.

14

남해안 프로젝트는 속도 내는데

남해안 개발에 대한 주도권 싸움이 수면 위로 떠오르고 있다. J프로젝트, S프로젝트, 남해안 프로젝트 등을 둘러싼 특별법 제정 움직임이 그것이다.

남해안 개발에 대한 논의는 어제 오늘의 일이 아니다. 1990년대 초에 '황금 해안' 남해안을 개발해 동북아시아 해양관광벨트로 만들자는 아이디어가 제시됐다. 하지만 당시에는 별로 주목받지 못했다. 그러나 참여정부 출범 이후, 행정수도 건설의 반대 논리로 수도권과 대응하는 남해안을 개발하자는 의견이 제시됐다. 한나라당 정의화 의원이 영호남 상생 발전을 위해 남해안에 관심을 갖자고 주창하면서 남해안 프로젝트에 대한 논의가 시작됐다.

반면에 남해안 프로젝트와 관련 없이 시작된 개별 사업이 전라남도의 J프로젝트이다. 영암과 해남 일대에 대규모 위락 단지를 조성하는 사업이다. 국내외 자본 유치를 위한 노력이 활발하지만, 프로젝트의 미래는 그다지 밝지 않다. 서남해안 여러 도시와 경쟁해 우위를 차지하기가 쉽지 않기 때문이다.

한편 J프로젝트와 별도로 서남해안 발전을 위한 '큰 그림'을 그리자는 주장이 청와대에서 시작됐다. 바로 서남해안 개발 계획인 S프로젝트이다. 싱가포르 자본을 투자해 전라남도 서남해안에 대규모 물류·생산·관광 단지를 조성해 낙후된 전라남도를 활성화시키고, 미래 한국의 성장 동력으로 활용한다는 구상이다. J프로젝트까지 포함한 대형 구상이었지만, 작년에 불거진 행담도 특혜 의혹 시비로 S프로젝트는 물거품이 됐다.

이런 상황에서 경상남도는 행정구역을 초월해서 남해안을 개발하는 가칭 '남해안 시대 프로젝트'를 주도적으로 발진시켰다. 남해안 프로젝트는 부산·경상남도·전라남도가 공동으로 추진하고 있지만, 경상남도 김태호 도지사가 사실상 주도하고 있다. 한나라당의 전폭적인 지지를 받는 정치색 짙은 사업이다.

남해안을 둘러싼 3개의 프로젝트 중에서 가장 늦게 뛰어든 것이 남해안 프로젝트이다. 그런데 후발 주자인 남해안 프로젝트가 최근 탄력을 받고 있다. 지난 8월에 민주당 신중식 의원이 중심이 된 '남해안균형발전법(안)'이 국회에 제출됐고, 한나라당 중심의 '남해안발전특별법(안)'도 지난 7일 발의됐기 때문이다. 열린우리당 주승용 의원 또한 '남해안지원법(안)'을 10월에 발의할 예정이라고 한다.

남해안 프로젝트의 핵심은 발전 잠재력이 풍부한 남해안을 개발해 동북아시아 7대 경제권으로 육성하는 것이다. 남해안 일대에 항만·물류 산업과 제조업을 유치하고 관광 휴양 허브를 조성해 프랑스 남부 해안과 같이 만드는 구상이다.

남해안 개발의 주도권 확보를 위해 경쟁하는 과정에서 잉태된 프로젝트 중에서 전라남도 주도의 J프로젝트와 S프로젝트에 비해 경상남도 주도의 남해안 프로젝트는 명분과 실리가 분명하고, 지역이기주의도 녹여 낼 수 있다는 강점이 있다. J프로젝트 대상 지역은 영암과 해남이고, S프로젝트는 전라남도 서남해안 일부 지역에만 국한된다. 반면에 남해안 프로젝트는 목포에서 부산까지를 아우르는 동서 화합형이다. 이 점이 전라남도의 입장에서는 민감한 사항이다.

특히 수도권에 대응하는 국가의 신성장 벨트로서 남해안의 위치성, 동서 화합의 정치적 상징성, 광역 개발의 학문적 타당성, 남해안에 접한 지역구 출신 국회의원들의 현실적 판단 등은 남해안 프로젝트에 우호적인 요소이다. 또한 J프로젝트의 F1 국제자동차경주대회(Formular 1 Korean Grand Prix) 지원 사업이나 S프로젝트를 위한 특별법 제정 논의에 비해 '남해안발전특별법' 제정의 움직임이 보다 구체화되고 있다.

가칭 '남해안발전특별법' 제정이 현실화될 개연성이 많은 상황에서 지역 내의 목소리는 완전 엇박자이다. 일부는 J프로젝트에 목을 매고 있고, 일부는 S프로젝트특별법을 강조하고 있다. 하지만 이런 단편적 시각에서 탈피해 남해안 프로젝트에 관심을 가지고 적극 참여해야 한다. 왜냐하면 전라남도는 남해안에서 가장 긴 해안선과 많은 도서를 가졌으며, 일찍이 남해안 프로젝트의 원조에 해당하는 여수 세계박람회 계획을 추진했기 때문이다.

따라서 지역민들은 여수 세계박람회를 매개로 남해안 프로젝트에서 일정한 목소리를 내고, 주도권을 행사해야 한다. 남해안 프로젝트에서 지역 발전을 담보할 독자적인 청사진도 준비해야 한다. 특히 남해안 거점 도시를 자처하는 여수시는 더욱 그렇다.

지금이라도 늦지 않았다. '물이 오른' 남해안 프로젝트에서 전라남도와 여수시가 어떻게 주도권을 확보할지 고민해야 한다. 그리고 그 해답을 여수 세계박람회에서 찾기 바란다.

- 광주일보, 2006. 09. 25.

15

기업도시, 낙후 지역 우선 배려해야

기업도시개발특별법시행령이 국무회의를 통과했다. 시행령이 발효되면 기업도시는 기업 투자 활성화와 국가 균형 발전에 중요한 동인이될 것이 분명하다.

기업도시란 기업이 주도적으로 건설하는 복합 기능을 가지는 자족도시이다. 기업도시 건설의 정책적 함의는 다양하다. 기업의 투자 촉진, 기업 친화적 토지 공급, 낙후 지역 활성화, 지역 균형 발전 등이 그것이다. 특히 기업도시는 낙후 지역의 경제 활성화와 지역 균형 발전에크게 기여할 것으로 기대된다.

최근 마감된 기업도시 신청 결과도 이런 건설 취지에 부합됐다. 전국8개 지역이 신청했고, 원주와 충주를 제외하면 전부 낙후 지역(신활력지역)에 해당한다. 4개의 시범 지역이 선정되면, 이들 기업도시는 낙후지역의 발전을 선도하는 성장 동력으로 기능할 것이 확실하다.

그러나 태동 단계에 있는 기업도시에 대해, 일부에서는 벌써부터 사업의 실현 가능성에 딴죽을 걸고, 선정 기준을 문제 삼고 있다. 선정 기준은 균형 발전 기여도, 지속 가능성, 지역 여건과의 부합성, 투자의 실현 가능성 등 네 가지이다. 그런데 낙후도가 시범 사업 선정 평가에 결정적인 기준이 되는 것은 잘못이라는 지적이다.

낙후도를 배려하는 기준에 문제가 있다는 주장은 이렇다. 낙후 지역에는 기업 활동에 필요한 기본적인 인프라가 부족하기 때문에 낙후 지역에 기업도시를 건설하기 위해서는 엄청난 재원이 투입돼야 한다. 그래서 이번에 많은 기업들이 투자를 주저하게 됐고, 대기업들이 대거 참여하지 않아 사업의 실현 가능성에 문제가 있다는 시각이다. 이런 주장에 일리가 없는 것은 아니다. 그러나 전적으로 옳지 않다. 왜냐하면 기업도시 건설의 기본 목적을 간과했기 때문이다.

낙후 지역에 기업도시가 건설되면, 낙후 지역의 사회경제적 환경은 획기적으로 변하게 된다. 기업 활동에 필요한 인프라가 확충되는 것이다. 공장 유치로 새로운 일자리가 생기고 경제구조가 재편된다. 새로운 주거 단지와 학교, 병원이 설립되어 정주 환경도 개선된다. 이는 인구 증가로 이어져 지역 경제가 살아난다. 낙후 지역은 지역 발전에 필요한 실제적인 성장 동력을 가지게 된다. 이것이 낙후 지역 지방자치단체들이 기업 도시 유치에 전력투구하는 이유이다. 유사한 국내외 사례는 아주 많다.

이번에 기업도시 우선 입지 대상으로 낙후 지역을 배려하지 않고, 수도권과 광역시를 대상 지역에서 제외하지 않았다고 가정해 보자. 결과는 너무나 뻔하다. 수도권 지방자치단체와 광역시는 예외 없이 모두 시범 사업을 신청하고, 전라남도 무안과 해남, 충청남도 태안, 전라북도 무주 등은 참여 기업의 기피로 신청 서류조차 작성하지 못했을 것이다.

이번에도 그들만의 잔치가 됐을 것이다.

그런데 다행스럽게도 시범 사업 선정 기준에서 낙후 지역개발이나 지역 경제 활성화 등의 국가 균형 발전 기여도에 평가의 우선순위를 두고, 대규모 개발 집중 지역을 제외시켰다. 이런 선정 기준은 합리적이다. 낙후 지역의 침체된 지역 경제에 활력을 불어넣고 고용 창출로 균형 발전을 꾀하는 것이 기업도시 건설의 본래 취지였기 때문이다.

이번 시범 사업에 신청한 무주군은 전국 234개 시·군·구 중에서 낙후도가 꼴찌에서 15위이다. 해남은 44위, 무안은 48위다. 낙후도가 꼴찌 수준인 무주군이 신청서를 제출한 것은 기업도시 건설의 기본 취지를 존중했기 때문이다. 무안군 또한 마찬가지이다. 무안은 양파 외에는 특별한 생산물이 없는 농촌이다. 낙후 지역을 벗어나려고 지역 주민과 기업이 똘똘 뭉쳐 산업 교역형 기업도시를 신청했다. 기업도시 선정에서 이들 낙후 지역을 배려하는 기준이 없었다면, 언감생심 어떻게 이들 지역이 신청을 했겠는가.

한편, 5개 지역이 관광레저형 기업도시를 신청함에 따라 기업도시에 공장은 보이지 않고, 골프장과 호텔이 판을 치는 것 아니냐는 지적도 있다. 이런 시각에 전적으로 동의하지 않는다. 관광레저형 기업도시는 인프라 부족으로 기업 유치가 힘든 지방자치단체가 선택할 수 있는 차선의 카드라고 본다. 지역 특성과 여건을 고려해 낙후 지역을 탈피하려는 노력이 21세기 성장 산업인 관광레저와 맞아떨어진 경우이다.

실제로 전국 88개 군의 72.7%와 77개 시의 7.8%는 급격한 인구 감소와 산업 쇠퇴로 경제 기반이 부족하고 재정이 취약한 신활력 지역에 속한다. 또한 전국 인구의 7.4%가 한계 지역에 거주한다. 기업도시 선정 과정에서 기업 투자의 수월성만 강조한다면, 국토 면적의 48.8%는 영원히 침체의 늪을 벗어나지 못하게 된다. 그렇게 되면 균형 발전과 지방분권은 한낱 허튼소리에 불과하게 된다.

기업도시 건설은 주택 가격 안정과 수도권 기능 분산, 그리고 지역 균형 발전을 위한 기업의 지방 이전 촉진책의 하나로 제안됐다. 따라서 낙후 지역을 우선적으로 배려하는 평가 기준은 합목적성을 가진다. 그래야 모든 사람이 더불어 잘사는 공간 정의를 실현할 수 있기 때문이다. 이제 국토 공간의 균형 발전은 선택이 아닌 필수이다.

- 동아일보, 2005. 05. 17.

16
기업도시 성공의 필요조건

    기업도시 시범 사업지로 무안을 포함해서 원주, 충주, 무주 등이 선정됨에 따라 기업도시 건설이 가시화되고 있다.

    기업도시란 민간 기업이 토지수용권과 도시개발권을 가지고 주도적으로 건설하는 자족형의 복합 기능 도시를 말한다. 산업 시설 외에 교육, 의료, 복지, 여가 등의 부대시설이 도시에 포함되는 것이 기존의 산업단지와 다른 점이다.

    기업도시를 건설하는 목적은 기업의 국내 투자 활성화, 일자리 창출, 지방 경제 활성화와 지역 불균형 해소, 수도권의 과밀 해소 등이다. 문제는 기업도시가 실제로 건설되어 소기의 성과를 거두기 위해서는 해결해야 할 과제가 너무나 많다는 것이다.

    기업도시가 성공하기 위해서는 몇 가지 전제와 필요조건이 충족되어야 한다. 기업도시가 제대로 기능을 수행하기 위해서는 많은 시간이 걸린다는 사실을 유념해야 한다. 기업도시는 5년 또는 10년 만에 건설되는 것이 아니다. 외국의 유수한 기업도시들이 오늘날의 성공을 구가하는 데는 거의 30년 이상이 소요됐다. 인내를 가지고 지속적으로 추진해야 한다.

기업도시가 성공하기 위해서는 주도적인 역할을 수행하는 기업, 기업 활동에 유리한 각종 인프라, 저렴한 지가와 낮은 개발 비용, 도시의 쾌적성과 안정성, 기업에 우호적인 주민과 지역사회의 환경 등이 충족되어야 한다. 즉 '기업의 천국'이 되어야 기업도시는 성공할 수 있다.

그러나 기업도시의 성공에 가장 중요한 것은 핵심 기업의 역할과 존재이다. 핀란드 오울루(Oulu) 시는 세계적 기업인 노키아가 주도적으로 만든 도시이다. 노키아와 관련된 IT업체가 클러스터를 구축하면서 기업도시의 성공 모델이 되었다. 인구 12만 명인 스웨덴 시스타(Kista) 또한 세계적인 IT업체인 에릭슨과 IBM의 합작품이다. 일본의 도요타에는 도요타자동차가 있고, 미국 텍사스의 오스틴에는 델 컴퓨터가 있었다. 기업도시를 주도하는 대기업의 존재는 필수이다.

그리고 기업도시를 주도하는 기업의 핵심 역량이 중요하다. 즉 성장 잠재력과 시장 경쟁력이 있는 기업이 존재해야 한다. 연구 개발에 기반하지 않은 기업체, 하이테크가 아닌 전통적 제조업체가 주도하는 기업도시도 물론 굴러가기는 한다. 그러나 핵심 역량이 없기 때문에 기업의 라이프사이클(life cycle)이 짧고, 기업도시의 활력도 이에 비례해서 떨어진다. 연구 개발에 경쟁력이 있고, 막대한 재원 조달이 용이한 기업의 존재는 그래서 필수적이다.

실제로 기업도시는 부지를 조성하고, 공장이나 연구소가 입주하여 생산 활동을 하기까지는 많은 시간이 걸리며, 천문학적 재원이 필요하다. 그러므로 단지를 조성하고 관련 기업체를 입주시킬 대기업이 필요한 것이다. 도시를 건설한 후에 이주를 원하는 기업체가 없으면 자사의 공장과 계열사 및 하청업체를 유치할 능력을 대기업만이 가지게 되기 때문이다.

그런데 이번 4곳의 시범 사업지에는 핵심 역량을 가진 대기업이 빠졌다. 삼성, 현대자동차, SK, GS 등 많은 계열사와 막대한 자금 동원 능력이 있는 대기업이 참여하지 않았다. 이런 상황에서 대기업이 빠진 기업도시의 운명을 낙관하는 것은 어렵다. 무안 또한 예외가 아니다.

그렇다면 무안의 기업도시는 성공할 수 있을까? 현재로서는 장담할 수 없다. 무엇보다도 핵심 역량을 가진 대기업이 빠져 있고, 건설회사 중심의 중소기업이 주로 참여하기 때문이다. 그리고 현재의 참여 기업으로는 수조 원이 소요되는 대형 프로젝트인 기업도시를 효율적으로 조성하는 데 현실적인 한계가 있기 때문이다.

이유는 또 있다. 무안은 제조업체가 입주하는 산업 교역형 기업도시에 해당한다. 그런데 제조업이 아닌 건설회사가 중심이 되어 개발한다는 점이다. 이들 기업이 기업 유치보다는 개발 이익에만 관심을 가질 가능성도 많다. 따라서 무안 기업도시가 성공하기 위해서는 현재의 컨소시엄(Consortium)에 더 많은 대기업과 제조업 중심의 중견 기업을 참여시키는 것이 필수적이다. 이것이 무안군의 일차적 과제이다.

친기업적 마인드를 가진 주민과 지역사회가 '기업을 위한 천국'을 만들 때, 기업도시는 성공할 수 있다. 문제는 핵심 역량을 가진 핵심 기업의 존재이다.

- 광주매일, 2005. 07. 15.

17
신도청 이전과 지역 발전 효과

전라남도청이 무안군 삼향면 남악리로 이전해 지난 17일부터 본격적인 업무를 개시했다. 1896년 8월 광주에 둥지를 튼 지 109년 2개월 만의 이전이다.

남악 신도시로 이전한 전라남도청은 그동안 많은 우여곡절을 거쳤다. 1986년 광주시가 직할시로 승격되면서 광주시에 소재한 도청을 전라남도 지역으로 이전해야 한다는 당위성이 제기됐다. 초기에는 도청 이전 문제가 커다란 반향을 일으키지 못했다. 하지만 전라남도 내의 균형 발전을 위해 낙후 지역으로 도청을 이전하는 것이 적절하다는 주장이 힘을 받으면서 이전 논의는 급속히 진전되었고, 1993년 현재의 위치로 도청 이전이 확정됐다.

무안으로의 도청 이전이 확정되면서, 지역 내 일부 단체에서 '광주·전라남도 한 뿌리론'을 주장하며 광주·전라남도의 통합과 도청 이전의 중단을 요구했고, 지역 내 여론이 한때는 둘로 나눠졌다. 그러나 신청사 건설이 행해짐에 따라 광주시민들은 도청 이전을 기정사실로 인정하면서, 도청 이전에 따른 도심 공동화 문제에 관심을 가지게 되었다.

도청 이전에 대한 찬반 논의가 팽팽했던 것과 마찬가지로, 도청 이전이 지역 내에 미치는 영향은 크게 둘로 구분된다. 즉 광주에는 부정적인 효과가 초래된 반면, 이전하는 목포 지역에는 긍정적인 효과가 나타난다. 때문에 도청 이전이 광주와 전라남도라는 광역적 차원에서는 제로섬 게임(zero-sum game)이라는 비난을 받는 것도 틀리지 않다.

반면에 전라남도, 특히 도청이 이전하는 목포 지역의 입장에서는 신규 사회간접자본 투자, 인구와 시설의 유입, 각종의 공공서비스 유발 등 직접적 경제 효과는 물론이고, 도청 이전에 따른 간접적 경제 효과가 매우 크게 발생한다. 또한 상대적으로 낙후된 서부권 경제 활성화에 견인차 역할을 한다는 점에서 도청 이전이 가지는 지역 발전 효과는 아무리 강조해도 지나치지 않다.

실제로 무안 남악으로의 도청 이전은 여러 측면에서 전라남도 발전의 새로운 이정표를 제시하게 될 것이 분명하다. 첫째, 도청 이전은 지역 내 균형 발전에 크게 기여하게 될 것이다. 전라남도의 경제권은 광주 대도시권, 광양만권, 목포 중심의 서남부권, 장흥·강진의 중남부권 등으로 구분되며, 서남부권과 중남부권이 상대적 저성장을 보이고 있다. 그러나 도청 이전은 상대적으로 낙후된 서남부권의 지역 발전을 견인하여, 지역 내 균형 발전에 공헌하게 될 것이다.

둘째, 도청 이전을 계기로 전라남도는 동북아시아 경제권에서 새로운 비전을 확보하게 된다는 점이다. 최근 우리 국토의 공간 구조는 기존의 경인-경부 축에서 탈피하여 서-남-동해안 중심의 "U자축"으로 전환하고 있다. 이런 공간 구조는 급속히 성장하는 동북아시아 경제권에서 우리나라가 능동적으로 대처할 수 있는 최선의 카드이다. 서남부권은 한중일 경제권을 최단 거리로 연결할 수 있기 때문에 도청 이전을 통해 해양 지향적 비전을 확보하게 되었다. 이런 위치성을 바탕으로 외부의 재화와 용역을 유인하는 새로운 차원의 지역 마케팅도 가능하게 되었다.

셋째, 남악 신도시는 전라남도 발전의 새로운 성장 거점으로 기능할 수 있다. 도청 이전은 전라남도가 의욕적으로 추진하고 있는 'J프로젝트'와 무안의 기업도시 활성화에 긍정적 파급 효과를 제공하여, 서남부권은 21세기 전라남도 발전에서 핵심적 역할을 수행할 수 있는 여건을 마련하게 되었다. 서남부권은 수도권에서 지리적으로 가장 멀리 떨어져 있고, 접근성 또한 불량한 편이다. 그러나 도청 이전을 매개로 서남부권의 접근성이 향상되어 현재 추진 중인 다수의 신규 프로젝트에 긍정적인 효과를 제공하게 될 것이다.

넷째, 신도청이 가지는 해양 지향적 위치성은 전라남도의 마지막 보고(寶庫)인 다도해의 중요성을 인식시키는 전환점이 될 것이다. 전국에서 가장 많은 도서를 보유함에도 불구하고 전라남도는 그동안 해양 중심적 개발 행정을 펼치지 못했다. 그러나 서남해로 열린 신도청의 위치성은 다도해를 새로운 자원으로 접근하는 계기가 될 것이고, 이는 다도해와 해양 개발로 확대될 것이다.

내륙 도시인 광주에서 해양 도시인 남악으로의 신도청 이전은 전라남도 발전에 새로운 전환점이 될 것이 분명하다. 문제는 도청 이전의 상징성이 지역 발전의 구체성으로 연결될 수 있도록 각종 후속 조치를 차질 없이 수행하는 것이다. 웰빙형의 남악 신도시 건설은 물론이고, 신도시와 전라남도의 여러 지역을 연결하는 광역 교통망의 조속한 확충은 무엇보다 중요하다.

남악 신도시에 우뚝 솟은 신청사가 21세기 전라남도 발전의 새로운 조타수 역할을 제대로 수행하길 기대한다.

- 광주매일, 2005. 10. 24.

18

이런 광주와 전라남도를 희망한다

새해가 또다시 밝았다. 올해는 지난해보다 국가 경제와 개인의 살림살이가 더욱 어려울 것이라는 비관적인 예측이 많다.

그러나 광주·전라남도 지역은 지난해보다 특별히 더 나빠질 것이 없다고 본다. 일자리를 찾아 떠나는 사람들로 매년 약 3만 명의 인구가 감소하는 전라남도, 고용과 산업화를 선도할 성장 동력이 적은 소비도시 광주가 아닌가. 지금도 바닥인데, 더 나빠질 것도 없다. 그러나 지역민과 지방자치단체가 서로 힘을 합치면 바닥을 딛고 비상할 수 있다. 그래서 올해에는 다음과 같은 뉴스가 지역 언론의 헤드라인을 장식하길 희망해 본다.

뉴스 1, 가칭 'J프로젝트'의 성사이다. 해외여행을 즐기는 연간 2000만 명의 중국인들이 한류 열풍을 타고 동남아시아에서 한국으로 관광지를 대거 옮김에 따라, 싱가포르의 관광 관련 화교 자본이 전라남도 서남해안에 대규모 복합레저도시 조성을 위해 약 20조 원을 투자한다는 소식이다. 외국 자본 유치에 자극받은 국내의 L그룹과 S그룹도 컨소시엄을 구성해 향후 10년간 15조 원을 투자하기로 했다. 전라남도가 동북아시아 관광 거점이 되기 위해 기지개를 켜는 원년이 되는 셈이다.

뉴스 2, 광양만경제자유구역에 외국 투자가 구체화되었다. 독일 티센크루프(Thyssen krupp AG)가 기계와 자동차 부품 공장, R&D센터, 동북아시아기술경영대학원 등을 설립하기로 했다. 미국의 유명한 의료법인도 중국과 일본 시장을 겨냥해 최첨단 병원을 설립하기로 투자 협정을 체결했다. 포스코도 자동차용 강재 공장을 신규로 건설하여 광양제철소와 함께 철강 클러스터를 구축한다는 계획이다.

뉴스 3, 광양항이 살아나고 있다. 포트세일과 환적 화물의 증가, 수도권 화물의 유입 등으로 광양컨테이너부두의 물동량이 지난해 대비 200% 정도 성장했다. 세계적인 선사인 싱가포르의 싱가포르 항만청(Port of SingaporeAuthority, PSA)이 광양항 개발의 참여를 발표함으로써 불투명했던 2011년의 33선석 완공 계획에 청신호가 켜졌다.

뉴스 4, 친기업적 노사 환경이 만들어졌다. 지난해 격렬한 노사 분규로 전국적 이목을 집중시킨 여천산업단지의 LG정유 노동조합(이하 '노조')은 울산의 현대중공업처럼 '무분규 10년 운동'을 공표했다. 이에 힘입어 종업원 50명 이상의 사업장 노조도 분규 없는 5년 운동을 전개하기로 발표해 광주·전라남도는 기업하기에 좋은 지역으로 떠오르고 있다. 이런 노사 환경의 영향으로 목포 대불산업단지에 입주하려는 기업이 늘어나면서 공단의 분양률도 지난해에 비해 약 60% 증가했다.

뉴스 5, 새로운 일자리 창출과 삼성타운의 탄생이다. 광주 경제의 핵심인 기아자동차와 삼성광주전자는 생산 라인의 증설과 함께 광주 이전을 희망하는 협력 업체에게 파격적인 인센티브를 제공해 1,000여 개의 일자리를 새롭게 만들었다. 특히 삼성전자는 광산 일대에 세계 최대 규모의 휴대전화 생산 라인을 건설하는 계획을 발표했고, 광산구는 주민투표를 통해 행정구역 명칭을 삼성구로 변경하는 파격으로 보답했다.

뉴스 6, 광주·전라남도의 공동혁신도시가 만들어졌다. 광주와 나주의 경계 지점에 한국전력공사를 비롯한 20여 개 공공 기관이 들어설 입지가 확정됐다. 당초의 우려를 떨쳐 내고, 광주와 전라남도는 도시 개발의 시너지 효과를 극대화시키기 위해 입지 선정에 전략적으로 제휴했다.

뉴스 7, 전라남도의 상주 인구와 유동 인구가 늘었다. 전라남도가 우리나라 최고의 건강·장수 지역으로 등장하면서, 출향한 노령 인구와 도시 인구의 전입으로 구례·곡성·보성 등지의 인구가 늘어났다. 전라남도 인구도 붕괴된 200만 명을 다시 회복했다. 본격적인 주5일 근무제의 실시로 외래 방문객이 급증하면서 서해안고속도로와 서남해안국도는 주말이면 예외 없이 심한 교통체증을 겪는다.

이러한 7개의 뉴스거리가 올해 지역 언론의 헤드라인을 장식할 수는 없을까. 사막의 신기루처럼 요원한 꿈에 불과한 것인가. 그렇지는 않다. 비온 뒤의 무지개처럼, 바닥을 치고 반등하는 주가처럼, 실현 가능한 꿈이다. 주변 여건이 그렇게 변하고 있기 때문이다.

닭의 해인 을유년이 밝았다. 새벽녘의 '닭 울음'은 아침을 알리는 희

망의 메시지이다. 올해는 광주·전라남도 지역에 일곱 빛깔 무지개가
항상 펼쳐지는 그런 한 해가 되길 소망한다.

- 무등일보, 2005. 01. 07.

제3부

지역 발전과 지역사회 리더십

19

박준영 전라남도 도지사에게

제35대 전라남도 도지사에 취임한 것을 축하드립니다. 그리고 늦었지만 압도적인 표차로 재선에 성공한 것도 축하합니다. 2년 전의 치열했던 보궐선거와 비교하면, 이번 선거는 초등학교 시절의 반장선거보다 수월했을 것으로 짐작됩니다.

이번 선거에서 귀하는 '골리앗'과 같은 존재였고, 파트너들이 적수가 되지 못해 '식은 죽' 먹을 정도로 쉬운 선거를 치렀습니다. 민주당 바람도 선거에 작용했습니다. 그렇지만 무엇보다도 지난 2년 동안 도정을 잘 수행해 민심을 잡았기 때문입니다. 민심과 천심을 거스르지 않았던 것이 선거의 결정적 승인이었다고 봅니다.

그러나 이제 잔치는 끝났습니다. 암초에 걸려 좌초된 신세의 '전라남도호'가 귀하를 기다리고 있기 때문입니다. 기업이 이전하기를 가장 기피하는 지역, 일자리가 없어 인구가 썰물처럼 빠지는 지역, 노령화가 가장 빠르게 진행되는 지역, 마땅한 성장 동력이 없는 지역이 귀하가 조타할 전라남도호입니다.

귀하는 이번 선거에서 많은 공약을 제시했습니다. 10대 정책별로 41

건을 발표했습니다. 제시한 공약이 실현된다면 얼마나 좋겠습니까. 그러나 상황은 그렇게 녹록치 않습니다. 지난 2년 동안 그랬던 것처럼, 전반적인 도정은 귀하의 충성스러운 전라남도호의 1등 항해사들에게 맡기십시오. 대신에 비전을 세우는 일과 지역 발전에 결정적 영향을 미칠 현안들만 직접 챙기시기 바랍니다. 그래서 몇 가지를 당부하려고 합니다.

먼저 2012년 여수 세계박람회 유치에 매진하십시오. 도민들은 세계박람회를 유치하는 목적을 잘 알고 있으며, 마인드도 확산됐습니다. 유치하는 일만 남았습니다. 하지만 상황은 절대 우호적이지 않습니다. 중앙정부의 의지도 확고하지 않습니다. 그래서 귀하가 총대를 메야 합니다. 세계박람회 유치는 패배주의에 사로잡힌 도민들에게 자신감을 심어 줄 것입니다. 민초들이 가지는 자신감은 지역 발전을 위한 더 큰 프로젝트를 추진할 동력이기 때문이지요. 만약 유치에 실패하면, 동부권 주민들은 커다란 정신적 공황에 빠지고, 귀하의 정치적 리더십은 결정적 타격을 받게 됩니다. 지금 당장 국제박람회기구(Bureau International des Expositions, BIE) 회원국을 상대로 귀하의 유창한 영어 실력을 발휘하십시오.

나주의 혁신도시를 성공시키십시오. 공동혁신도시는 귀하의 정치력과 조정력이 돋보인 작품이었습니다. 혁신도시는 빠져나가는 전라남도 인구를 붙잡고 외부 인구를 견인할 확실한 프로젝트입니다. 그래서 기업도시가 '어음'이라면, 혁신도시는 '현찰'이랍니다. 귀하는 명품 도시를 만들겠다고 천명했습니다. 그런데 현재 돌아가는 꼬락서니는 명품이 아니라 '졸품' 도시가 되지 않을까 우려됩니다. 남악 신도시는 귀하의 작품이 아닙니다. 귀하는 첫 입주의 수혜자였습니다. 하지만 혁신도시는 귀하의 재임 기간 중에 거의 완공됩니다. 귀하의 작품입니다. 그러니 명품 도시가 되도록 직접 챙기십시오.

손학규 전 경기도 도지사를 벤치마킹하십시오. 손 도지사는 지난 4년 동안 지구를 8바퀴 돌았습니다. 113개 외국 기업으로부터 13조 원을 유치했고, 5만여 개의 일자리를 새로 만들었습니다. 외자 유치에서 혁혁한 전과를 세운 성공한 도지사였습니다. 경기도처럼 똑똑한 직원들로 '찍새'와 '딱새'를 새로 조직해 직접 지휘해 보십시오. 경기도 투자 유치 담당자들이 한 달에 평균 2회의 해외 출장을 갔듯이, 귀하도 시도해 보면 가능하리라 봅니다. 왜냐하면 귀하는 논리적 설득력과 국제적 매너, 유창한 영어 실력을 가졌기 때문입니다.

귀하만의 독특한 색깔을 보여 주십시오. 귀하가 앞으로 4년간 전라남도호를 잘 조타할 것으로 기대합니다. 지난 2년간의 실적이 증명하기 때문이죠. 그러나 지난 2년간 전라남도호는 귀하가 아닌 전임 도지사가 설정한 항로를 항해했습니다. 지금부터는 귀하가 기획한 항로를 보여 주십시오. 항로뿐만 아니라 많은 전리품도 보여 주어야 합니다. 세계박람회 유치, 최고의 혁신도시 건설, 60여 개의 외국 기업 유치 등이 귀하가 획득한 멋진 전리품이 되도록 말입니다. 그런 전리품은 당신의 상전인 민초들을 감동시킬 것입니다.

이런 속담을 아시죠. '꿩 잡는 것이 매'라고 합니다. 많은 꿩을 잡아 푸짐한 바비큐 파티를 자주 베풀어 주십시오. 그러면 4년 후에 도민은 귀하에게 큰상을 내릴 것입니다.

- 광주일보, 2006. 07. 03.

20

박준영 전라남도 도지사께 드리는 고언(苦言)

'무소식이 희소식'이라는 말이 있습니다. 객지에 나간 자식들로부터 연락이 오면 필경 곡절이 있기 때문이죠. 그래서 무소식이 마음을 편하게 하는 경우가 많습니다. 이런 편지를 받는 도지사 또한 마찬가지라 봅니다.

고백하자면, 저는 도지사를 이해하고 좋아하는 팬입니다. 제34대 도지사 활동에 저는 연정을 품을 정도로 매료되었답니다. 특히 지역 발전에 대한 귀하의 철학과 애정, 방법론 등이 지역개발을 전공하는 저의 마음을 사로잡았기 때문이죠.

혹시 저의 편지를 기억하는지요? 저는 제35대 도지사 취임식 날에 축하와 당부의 편지("광주일보" 월요광장, 2006년 7월 3일자)를 공개적으로 띄운 적이 있습니다. 귀하에 대한 애정의 표시였습니다. 그리고 기회가 된다면, 귀하의 퇴임식에 맞추어 도정을 잘 수행해 감사하다는 'Thank you Letter'를 보내기로 작정을 했고, 그렇게 되기를 기도했답니다.

그런데 지금 저는 'Thank you Letter' 대신에 고언(苦言)의 편지를 쓰고 있습니다. 그래서 마음이 편치 않습니다. 광주시장과 합의한 광주전남발전연구원의 분리 결정 때문입니다. 연구원 분리 결정에 대한 언론 보도에 저는 깜짝 놀랐습니다. 사연도 알고 싶고, 그렇게 쉽게 결정할 사안이 아니라는 것을 전하기 위해 펜을 들었습니다.

왜 연구원 분리에 합의했습니까? 추측하건대, 도지사는 연구원을 분리할 정도로 근시안적 사고를 가진 분이 아닙니다. 언론 대담과 토론회에서 접한 귀하의 철학, 특히 지역 발전에 관한 철학은 매우 논리 정연했습니다. 길게 보고, 후손을 생각하는 지역 비전을 설정해야 한다고 늘 강조했습니다. 학자처럼 분명한 논리를 가진 귀하는 저를 매료시키기에 충분했었죠. 그런데 장기 비전의 중요성과 연구원의 역할을 강조한 귀하가 자가당착에 빠지는 결정을 했습니다.

도지사는 미국 유학을 다녀온 특파원 출신의 박사입니다. 청와대에서 전반적인 국정을 논의한 경험도 있습니다. 그래서 귀하의 사고는 단선적이지 않고 다선적이며, 파편적이지 않고 통합적입니다. 게다가 싱크탱크(think tank)의 역할을 너무나 잘 알고 있습니다. 연구원의 활성화에 관심을 가질 분이 오히려 연구원의 경쟁력을 약화시키는 결정을 해서 필자는 어리둥절할 뿐입니다.

물론 연구원 분리 주장은 어제 오늘의 일이 아닙니다. 도의회의 문제 제기와 원장 선임을 둘러싼 시도 간 갈등 사례를 알 만한 사람들은 다 알고 있습니다. 여러 사정으로 연구원의 기능 수행에 일부 문제가 있는 것도 사실입니다. 그럼에도 불구하고 불거진 문제들을 잘 봉합하면서 지금까지 왔습니다. 이유는 광주와 전라남도의 상생 발전에 연구원이 중요하다는 명분과 실리 때문이었죠.

실제로 연구원을 조금만 손질하면 꽤 쓸만하게 고칠 수 있습니다. 전라남도와 광주시가 보다 많은 재정 지원을 하고, 지역 행정과 관련된 연구 인력을 충원하면 연구원이 잘 돌아갈 수 있습니다. 이런 사실을 도지사 또한 알고 있습니다. 그런데 쉬운 길을 두고 어려운 길을 택했습니다.

연구원 분리 결정은 도지사가 지금까지 보여 준 철학과 도정 방침에 너무나 배치됩니다. 무슨 말 못할 곡절이라도 있는지요. 혹시 연구원 문제에 대한 검토 지시를 받은 귀하의 충성스런 부하들이 오버한 것입니까? 그런 일을 용납할 도지사가 아닙니다. 아니면 광주시장의 유혹에 넘어간 것입니까? 설령 광주시장이 볼멘소리로 연구원 분리를 주장했어도 도지사는 특유의 온화한 논리로 설득했을 것입니다. 도지사의 내공과 정치적 리더십이 그 정도는 아니거든요.

이런 이유 때문에 대승적 차원, 광주와 전라남도의 상생 발전, 다음 세대를 위한 비전 설정, 세계적 시각 등을 강조했던 귀하의 논리에 흠집이 생겼습니다. 분리는 귀하의 코드가 아닙니다. 도정을 이해하고 협조하는 많은 사람을 실망시키지 말길 바랍니다.

지금이라도 늦지 않았습니다. 다양한 의견을 수렴해 분리 결정을 재고해 보는 것이 어떻겠습니까? 그리고 분리 결정을 조언했던 우둔한 직원을 혼내 주십시오. 그렇게 하면, 지역민들은 지사의 합리적 리더십에 큰 박수를 보낼 것입니다. 멋진 선택을 기대합니다.

- 무등일보, 2007. 01. 08.

21

박준영 전라남도 도지사의 소프트 리더십

연초의 개각과 열린우리당 전당대회, 내년 5월 지방선거 등의 정치 일정이 가시화되고, 정치 세력의 몸집 키우기 경쟁이 나타나면서 연말의 정치권이 뜨겁게 달아오르고 있다.

광주·전라남도의 지역 정치권 또한 예외가 아니다. 일부 언론사가 내년 지방선거와 관련해 정당 및 예비 후보자 여론조사 결과를 발표하면서, 정당 간·예비 주자 간 물밑 샅바 싸움이 치열한 상황이다.

내년 5월 지방선거와 관련한 지역 정치권의 최대 화두는 민주당의 정당 지지도와 함께 시도지사에 대한 지역민의 선호도 변화이다. 최근 언론사 여론조사 결과를 종합하면, 민주당의 정당 지지도는 가파른 상승세를 보이고 있다. 지난 6월("광주일보") 24.7%에서 8월("광주일보") 30.0%로 증가했고, 11월("무등일보") 32.9%와 37.2%("광주일보")로 각각 증가해 열린우리당을 크게 앞질렀다. 이런 민주당의 지속적 상승세는 충분히 예견된 경우이다.

한편, 최근 여론조사에서 '질풍노도'의 선두를 유지하는 주자가 있다. 박준영 전라남도 도지사이다. 박준영 도지사는 "시사저널"(6월)이 실시한 차기 전라남도 도지사에 대한 적합도 조사에서 39.4%로 1위를 차지했다. "무등일보"(10월 31일자)의 여론조사 지지도에서는 53.3%를 획득해 꼬마 주자들을 크게 앞섰다. 그리고 "광주일보"(11월 28일자)와 KBC가 공동으로 실시한 선호도 조사에서도 37.3%로 압도적 1위를 차지했다. 현재까지 박준영 도지사는 부동의 1위를 계속 유지하고 있다.

박준영 도지사가 차기 전라남도 도백을 노리는 예비 주자들을 큰 격차로 앞서고, 질풍노도의 선두를 유지하는 데에는 많은 이유가 있다. 현직 프리미엄, 높은 지명도와 주민의 인지도, 지역 발전에 대한 공헌, 원만한 도정 수행 능력 등이 그것이다.

그러나 가장 중요한 요인은 박준영 도지사가 가진 소프트(soft) 리더십이라고 할 수 있다. 일반적으로 리더십은 크게 두 가지로 구분된다. 강력한 힘과 카리스마의 리더십과 설득 및 동의를 중시하는 리더십이 그것이다. 전자가 권의주의 시대의 남성적 리더십 또는 '하드 파워(hard power)' 리더십이라면, 후자는 정보화 시대에서 콘텐츠를 강조하는 '소프트 파워(soft power)' 리더십이다.

소프트 리더십은 설득·협상·동의를 전제로 문제를 해결하고, 민주적 토론을 통해 내부적 힘을 결집시키며, 결집된 내부의 힘을 외부로 확대해 가는 민주적·유연적 과정이다. 특히 민주화되고 정보화된 지식 기반 경제 시대에서 조직의 유연성과 합의성, 포용성을 강조하는 리더십이 바로 소프트 리더십이다.

박준영 도지사의 리더십을 소프트 리더십으로 해석할 수 있다. 박 도지사는 일단 외모에서 유연성을 확보하고 있다. 외모의 유연성은 영상 시대 최고의 경쟁력이 된다. 토론을 중시하고, 합리적 설득을 통해 일을 처리하는 박 도지사의 행태 또한 소프트 리더십의 특징이다. 지역민의 이목을 집중시켰던 광주·전라남도 공동혁신도시를 조용하게 나주로 확정시킨 리더십이 좋은 사례이다. 그뿐만 아니라 J프로젝트와 남악 신도청 이전 등의 성과도 같은 맥락에서 이해할 수 있다.

실제로 하드 리더십이 아닌 소프트 리더십을 가진 지도자가 지역 발전에 공헌한 사례는 많다. 일촌일품운동으로 유명한 일본 오이타 현의 히라마쓰 모리히코(平松守彦) 지사, 세계적 증권회사인 미국 메릴린치(Merrill Lynch)사의 부사장직을 버리고 일본 시마네 현에 있는 작은 도시 이즈모 시장에 취임한 이와쿠니 데쓴도(岩國哲人) 시장, 일본 구마모토 현 지사에서 경제 개혁을 주창해 총리가 된 호소가와 모리히로(細川護熙) 등이 대표적이다.

주민 참여, 설득과 동의, 합리적·유연적 행정 등은 오늘날 우리가 살고 있는 정보화·지식기반·거버넌스(governance) 시대의 대표적 특징이다. 적어도 교과서적 해석은 그렇다. 그리고 이런 사회적 환경에서 대부분의 주민들은 과거의 권위주의적 하드 리더십보다 소프트 리더십을 선호한다.

그러나 지역 주민들이 소프트 리더십을 가진 지도자를 인정하고 선호하기 위해서는 일정한 사회적 환경이 전제되어야 한다. 즉 민주적인 의사 과정의 뿌리내림과 안정된 경제적 여건을 갖춘 지역사회가 그것이다. 그렇지만 이런 사회적 환경이 전제되지 않으면, 많은 주민들은 하드 리더십을 가진 지도자를 선호하게 된다.

박준영 도지사는 오늘날의 사회에서 요구하는 리더십을 가졌다고 할 수 있다. 그러나 문제는 지금부터이다. 각종 여론조사에서 타의 추종을 불허할 정도로 높게 나타나는 박준영 도지사의 지지도와 선호도는 언제든지 변할 수 있다. 왜냐하면 '정치는 생물'이기 때문이다.

박준영 도지사의 지지도 변화에 대한 관전 포인트는 남은 임기 동안 어떤 리더십과 성과를 지역 주민에게 보여 주느냐 하는 것이다.

- 광주매일, 2005. 12. 05.

22

민주당 구원투수 박준영 전라남도 도지사

요즘 정치권에서 민주당이 주목을 받고 있다. 열린우리당의 불협화음과 고건 전 총리 중심의 정계 개편론, 여당과의 합당설 등의 중심에 민주당이 있기 때문이다. 민주당의 부활과 주가 상승에 결정적으로 기여를 한 사람이 있다. 박준영 전라남도지사가 주인공이다.

민주당은 참여정부를 탄생시킨 정당이다. 그러나 열린우리당의 창당과 탄핵 태풍의 결과로 민주당은 원내 교섭 단체도 확보하지 못한 꼬마 정당으로 전락했다. 한국 야당의 법통을 지켜 온 종가집이 풍전등화의 신세가 됐다. 그래서 많은 정치평론가들은 민주당의 미래에 대해 비관적 입장을 가졌다.

정치평론가들의 비관적인 예측에도 불구하고, 민주당이 실낱같은 희망을 가지고 기댈 수 있는 곳이 광주·전라남도 지역이었고, 이런 희망은 일 년 전 전라남도 도지사 보궐선거에서 그대로 나타났다. 노도 같은 열린우리당의 쓰나미를 헤치고 보궐선거에 승리하면서 꺼져 가는 민주당의 등불을 지킨 사람이 바로 박준영 도지사이다.

그래서 박준영 전라남도 도지사는 망해 가는 종갓집을 소생시킨 구원투수였다. 적어도 민주당원과 민주당에 애증을 가진 지역민에게는 그랬다. 만약 작년의 도지사 보궐선거에서 민주당이 졌다면 어떤 일이 생겼을까. 결과는 쉽게 예측된다. 지역 정치권은 열린우리당의 수중으로 들어가고, 민주당은 지리멸렬한 상태가 되었을 것이다. 최인기 의원의 민주당 입당도, 민주당과 합당을 주장하며 열린우리당 중앙상임위원직을 사퇴한 의원도 없었을 것이다.

하지만 작년 보궐선거에서 박준영 후보가 당선되고, 박 도지사가 이끄는 전라남도 도정이 연착륙하면서 지역 및 중앙정치에서 민주당의 위상이 크게 높아졌다. 민주당은 광주·전라남도에서 가장 인기 있는 정당이 되었고, 목포시장 보궐선거의 민주당 승리 또한 같은 맥락이다. 전술한 민주당의 위상 제고에 방아쇠 역할을 한 사람이 박 도지사이다. 그래서 박 도지사를 민주당의 구원투수라고 해도 틀리지 않다.

그렇다면 민주당의 구원투수였던 박 도지사가 '낙후'의 수렁에 빠진 전라남도도 구할 수 있을까. 박 도지사는 비교적 짧은 시일 내에 도정을 파악했고, 전임 박태영 도지사의 시책도 대부분 수용했다. 전라남도의 후손들이 안정적으로 먹고 살 수 있는 '먹거리'를 만들기 위해 지역세일과 자본 유치에 적극적이다. 교수처럼 지역민에게 전라남도 발전의 비전도 합리적으로 설득하고 있다. 현재까지의 성적은 에이플러스이다.

그러나 박 도지사 앞에 놓인 상황은 그렇게 간단하지 않다. 전라남도는 현재 J프로젝트에 올인(all in)하는 분위기이다. 많은 지역민들은 J프로젝트의 실현 가능성을 낙관하는 추세이다. 물론 이는 그렇게 분위기를 띄운 결과이다. 그렇지만 국내외 기업과 체결한 투자협약서(MOA)는 언제든지 휴지 조각이 될 수 있다. 당장 기업도시 시범 지역으로 선정되지 못하면 J프로젝트의 앞날은 예측 불허가 될 것이다. 그렇게 되면, J프로젝트는 박 도지사의 정치 생명을 단축시키는 방아쇠가 될 수도 있다.

현재의 정치 상황 또한 박 도지사의 구원투수 역할을 방해할 가능성이 많다. 내년의 지방선거를 비롯한 향후 정치 일정을 고려하면, 열린우리당은 전라남도 지역이 민주당의 해방구가 되는 것을 원하지 않는다. 참여정부는 박 도지사가 추진하는 각종 정책에 딴죽을 걸거나 지원을 축소시킬 개연성이 많다. 광주·전라남도를 둘러싼 정치 상황이 박 도지사의 정책 추진에 장애가 될 수도 있다. 이런 상황이 발생해서는 안 되지만, 만약 그렇게 되면, 박 도지사는 전라남도를 구하는 구원투수 역할을 못할 수도 있다. 게다가 차기 도지사를 노리는 이낙연 의원을 비롯한 민주당 중진들의 움직임 또한 방해 요소이다.

지난해 전라남도 도지사 보궐선거에서 승리한 박준영 도지사는 풍전등화의 민주당에 한 가닥 빛을 제공한 구원투수였다. 민주당을 구한 그가 전라남도의 구원투수 역할도 제대로 수행할지 주목된다.

– 광주매일, 2005. 06. 17

23

5·31 지방선거의 흥행사들

5·31 지방선거가 20여 일 앞으로 다가왔지만, 광주와 전라남도의 지역 정가에는 지역민의 이목을 집중시키는 쟁점과 흥행거리가 아직 없다. 정가 소식을 전하는 언론 지면만 뜨거울 뿐 주민들은 무덤덤한 상태이다.

서울에서는 오풍과 강풍이, 경기도에서는 중학 동창생끼리 일전을 겨루지만, 광주·전라남도 지역에서는 민주당의 높은 지지율이 여러 바람을 제압하면서 선거판의 흥행 요소가 사라졌다.

광주·전라남도 지역 선거의 최대 흥행 요소는 전라남도 도지사와 광주시장 선거이다. 전라남도 도지사와 광주시장 자리를 놓고 민주당과 열린우리당이 치열한 일합을 겨루어야 호사가들이 바빠진다. 그러나 "광주일보"가 실시한 7차 여론조사(5월 4일자)에 나타난 것과 같이, 열린우리당에서 누가 나오더라도 박준영 도지사와 박광태 시장은 쉽게 재선에 성공할 것으로 예상된다.

광역단체장 선거에서 투박(two-Park)의 골리앗을 이길 다윗이 없어 우리 지역의 선거는 김빠진 맥주 맛이 되고 있다. 게다가 민주당의 높은 지지율을 고려하면 기초단체장의 선거 결과도 쉽게 유추할 수 있다.

그렇다고 이번 선거에 지역민의 이목을 사로잡을 흥행 요소가 전혀 없는 것은 아니다. 민주당의 높은 파도를 헤치고 항해에 도전한 일부 전사들이 있기 때문이다.

함평 나비축제의 이석형 군수, 보성 녹차의 하승완 군수, 공동혁신도시 유치에 성공한 무소속 불패의 나주 신정훈 시장, 기업도시 유치에 성공한 무안의 서삼석 군수, 산골 오지를 상품화한 곡성의 고현석 군수, 청정 완도를 마케팅한 김종식 군수, 대나무를 자원화한 담양의 최형식 군수, 정남진 토요시장을 상품화한 장흥의 김인규 군수 등이 그들이다.

이들에게는 몇 가지 공통점이 있다. 이들은 민주당 소속이 아닌 열린우리당 또는 무소속이다. 현직 프리미엄도 가졌다. 게다가 창조적 리더십을 발휘해 경쟁력 있는 정책으로 지역 활성화를 꾀한 비교적 성공한 지방자치단체장에 속한다.

민주당의 바다에서 높은 파도와 싸우는 이들은 이번 선거에서 흥행사 노릇을 톡톡히 하고 있다. 이전의 선거에서 민주당 공천은 당선의 보증수표였고, '막대기'만 꽂아 놓아도 당선되었다. 그런데 이들은 지역 여론을 거스르고 업적이라는 밑천 하나만으로 전투를 벌이고 있기 때문이다.

광역단체장과 달리 기초단체장은 주민 중심의 서비스를 구현하는 자리이다. 주민 민원을 해결하고, 지역 활성화를 위해 고민하며 새로운 비전을 만들어 지역민을 통합시키고 지역 발전을 도모하는 일꾼이 바로 시장과 군수이다. 따라서 충실한 일꾼을 뽑는 일은 아무리 강조해도 지나치지 않다.

능력과 리더십을 겸비한 일꾼을 선출해 지역 회생을 도모한 사례는 수없이 많다. 주식회사 장성군을 일군 김흥식 군수와 인구 8만 명의 이즈모(出雲) 시를 일본 최고의 기업으로 만든 이와쿠니 데쓴도(岩國哲人) 시장은 중앙 정치에 종속되지 않은 지방 일꾼의 역할을 수행해 전국적인 스타로 성장한 대표적 사례이다.

전술한 예비 후보들의 당선 여부가 흥행거리로 된 가장 큰 이유는 정당보다 인물 중심의 선거 행태를 가름할 주요한 변수이기 때문이다. 특히 지금까지 호남 지역에서는 인물보다 정당 중심의 투표가 주로 행해졌기 때문에 이들이 이번 선거를 인물 중심으로 바꿀 수 있다면 그것 자체가 흥행거리로 충분하다.

이번 5·31 지방선거에서 지역민들이 인물과 정당을 놓고 어떤 선택을 할지 아직 속단하기 어렵다. 정치는 생물이고, 지역 여론은 언제든지 변할 수 있기 때문이다.

지역 일꾼을 뽑는 이번 선거에서 이들 흥행사가 어떤 성적을 거둘지 관심을 가지고 지켜보는 것도 또 하나의 재미이다.

- 광주일보, 2006. 05. 08.

24

공동혁신도시와 박광태 광주시장

공공 기관의 이전 결정으로 혁신도시 입지가 뜨거운 이슈로 등장한 상황에서 박광태 시장이 큰일을 저질렀다. '광주와 가까운 전라남도 지역에 공동혁신도시를 건설하겠다.', '197억 지방세를 포기해도 좋다.'라고 공언했기 때문이다.

공공 기관을 유치하기 위해 광역시도 간에 물밑 경쟁이 치열했던 초기부터 광주시장과 전라남도 도지사는 공동혁신도시를 건설하겠다는 의지를 보였다. 유치 과정에서도 협력과 공조 체제를 유지했다. 한국전력공사(이하 '한전')의 광주 유치도 공조 체제의 결과이다. 이런 과정에서 박 시장은 공동혁신도시의 필요성과 건설 의지를 강력하게 주장했고, 현실화될 가능성이 매우 높다.

주지하는 것과 같이 한전을 포함한 세 개의 공공 기관이 광주로 이전하면, 광주에는 많은 이익이 생긴다. 광주시는 197억 원의 지방세를 얻게 된다. 광주 경제의 핵심 기업인 기아자동차의 거의 3배 수준이다. 본사의 순수 고용 인원은 1,967명이며, 예산 규모도 약 29조 원이다. 직간접 고용 유발 효과는 약 3,000여 명에 이르고, 임직원의 연간 소비

액은 650억 원 정도로 추정된다. 그러나 혁신도시가 전라남도 지역에 건설되면 광주는 상당히 많은 이익을 포기해야 한다.

광주는 독자적 혁신도시 건설이 가능하기 때문에 박 시장은 전라남도와 공동혁신도시를 만들 필요가 없었다. 그럼에도 박 시장은 공동혁신도시를 건설하겠다고 말했다. 처음에 언론을 통해 박 시장의 발언을 접한 필자는 정치인의 일상적 제스처로 폄하했다. 대형 공공 기관을 보다 많이 유치하기 위한 고도의 테크닉으로 간주하고 일부러 의미를 부여하지 않았다.

필자가 박 시장의 주장을 애써 무시한 배경에는 몇 가지 이유가 있었다. 박 시장은 민심의 흐름과 표의 향방에 민감한 정치인이다. 도심 공동화와 상대적 낙후도를 근거로 동구와 광산구, 남구 주민은 혁신도시 유치를 강력히 요구하고 있다. 게다가 광주 인근의 전라남도 시·군에 혁신도시를 건설하면, 광주시는 197억 원의 지방세를 온전히 포기해야 한다. 197억 원은 2003년 기준 광주시 지방세 징수액의 27%에 해당하는 엄청난 액수이다. 내년의 지방선거를 의식할 수밖에 없는 박 시장이 모험적인 결정을 하지 않을 것으로 판단했다.

또한 광주와 전라남도는 지역개발 사업의 시행과 관련해 지금까지 많이 충돌했다. 협력과 연대보다는 갈등을 주로 연출했다. 경륜장과 전국체육대회(전국체전) 유치, 여수 세계박람회와 광(光)엑스포 등이 대표적이다. 그래서 필자는 박 시장의 공동혁신도시 건설 구상을 전라남도 도지사에 대한 립 서비스, 지역민에게 통 큰 정치인이라는 인상을 심어주기 위한 계산된 발언으로 간주했다.

이런 이유에서 필자는 박 시장의 발언에 무게를 두지 않았다. 그러나 필자의 예측은 완전히 빗나갔다. 지난달 27일 박 시장과 박준영 도지사는 공동혁신도시 건설을 공식화했다. 필자 또한 박 시장으로부터 이를 직접 확인했다.

사실 공동혁신도시 건설 방식은 광주·전라남도로의 이전을 주저하는 공공 기관을 설득할 수 있는 최고의 카드이다. 실제로 공공 기관 중에서 노령산맥 이남으로의 이전을 선호한 기관은 하나도 없었다. 따라서 이전에 불만을 가진 공공 기관 종사자에게 최적의 정주 환경을 갖춘 신도시를 개발하겠다는 강력한 의지는 매력적인 유인책이 될 수 있다.

그뿐만 아니라 공동혁신도시는 이론적 타당성을 가지고 있다. 혁신도시는 지속적인 혁신 창출 능력과 수준 높은 주거·교육·문화·환경 등의 정주 여건을 갖춘 미래형 도시이다. 혁신도시가 성공하기 위해서는 입지하는 시설의 수와 규모의 최소 요구치를 충족시켜야 한다. 가능하면 많은 공공 기관과 주거 단지, 연구소, 관련 기업이 한곳에 모여 집적 이익을 만들어야 한다. 이를 위한 현실적 대안이 바로 공동의 도시 건설이다.

박 시장이 주장하고 동의한 공동혁신도시 건설은 광주·전라남도의 상생 발전은 물론이고, 공공 기관 지방 이전의 파급 효과를 극대화할 수 있는 확실한 대안이다. 만약 광주시민·전라남도민의 동의를 얻어 공동혁신도시가 건설된다면, 박 시장은 정치력 있는 통 큰 정치인이라는 찬사를 받게 될 것이 분명하다.

그러나 혁신도시 입지 선정과 관련해 앞으로 풀어야 할 난제는 많다.

어떤 어려운 상황이 발생해도 박 시장의 뚝심이 변치 않길 기대한다. 광주·전라남도의 상생 발전을 도모할 최적의 카드가 공동혁신도시 건설이기 때문이다.

- 광주매일, 2005. 07. 01.

25

이성웅 광양시장의 교육 혁신

세계적으로 교육 혁신의 열풍이 불고 있다. 최근 서울시 교육청은 학력(學力) 신장을 위해 초등학교 일제고사의 부활을 발표했다. 일본 고이즈미 총리 또한 지난달 정기 국회에서 학력 저하에 대한 문제를 지적하고 학력 중시 교육 정책을 강조했다.

학생들의 교과 성취도를 강조하는 학력 중시 교육 정책에 대한 비판이 없는 것은 아니다. 그러나 학력 향상을 위한 교육 환경 개선은 어제오늘의 일이 아니다. 외국의 많은 지방자치단체들은 교육 여건의 향상을 위한 독특한 정책을 시행하고 있다. 양질의 교육 환경은 인구 유입을 비롯한 도시 경쟁력 향상과 직결되기 때문이다.

미국 오하이오 주의 주도(州都)인 콜럼버스 대도시권에는 워싱턴, 더블린 등 소도시들이 많다. 이들 도시는 교사 월급의 차등화를 포함해 교육 여건 개선을 위한 경쟁이 매우 치열하다. 양질의 교육을 제공하는 법적·제도적 장치는 고소득자를 유인하는 결정적인 동인이 되었다. 특히 더블린의 경우, 양질의 교육 환경 때문에 '강남의 8학군'과 같이 주택 가격이 매우 높지만, 고소득자가 가장 선호하는 거주 지역이다.

'지방의 논리'로 유명한 호소가와 모리히로 전 일본 총리는 구마모토 현의 지사로 재임하는 동안, 인재 양성을 위한 지역사회의 교육 환경이 지역 발전의 원동력이 된다는 취지로 교육입현(教育立縣)을 강조했다. 호소가와 지사는 외국어 실력 향상을 위한 외국어 교사 특별 채용, 많은 경험을 가진 교사 채용의 우대 등 독특한 교육 시스템을 정착시켰다. 그 결과 지역의 교육 여건은 크게 개선되었다.

우리 지역에도 지역사회의 교육 환경을 개선시켜 인구 전출을 억제하고 도시 성장을 꾀하려는 지방자치단체가 있다. 바로 광양시의 이성웅 시장이다. 이 시장은 '공교육 지원을 통한 인재 육성'을 슬로건으로 교육 환경 개선을 위한 교육 혁신을 실천하고 있다. 지난 2년간 약 40억 원을 투자했다.

호남 지역에서는 광양을 '인물의 고장'이라고 말한다. 과거 박정희 대통령 시절에는 광양 출신이 3개 부처의 장관으로 동시에 활동했다. 한때는 중앙 부처 사무관급 이상의 출신지로 광양이 상위 서열로 자리매김되기도 했다. 이런 배경에도 불구하고 광양의 교육 시장은 항상 순천에 종속되어 우수한 많은 인재가 순천의 학교로 진학했다. 공업화로 외부에서 인구가 많이 유입됐지만, 양질의 교육 여건을 확보하지 못해 상당수 사람들이 광양에 거주하지 않는 실정이었다.

그래서 광양시는 교육 환경을 개선시켜 인구 증가와 시세 확장을 목적으로 2002년 '교육환경개선지원조례'를 제정해 지금까지 매년 20억원을 투자했다. 초·중·고등학교의 다양한 사업에 투자되었지만, 고등학교에 대한 지원이 상대적으로 많았다. 특히 중·고등학교의 교사를 위한 재정적 인센티브는 흥미롭다.

광양시가 추진 중인 교육 혁신의 성과를 평가하는 것은 시기상조이다. 하지만 약간의 성과도 눈에 띈다. 우수한 중학생의 지역 내 고교 진학률이 크게 늘었다. 2004년에는 상위 성적 25% 이내의 학생 약 84%가 광양의 고등학교로 진학했다. 게다가 지역 내 고등학생의 대학 진학률이 작년보다 늘었고, 고등학생의 학력도 꾸준히 상승하고 있다. 교육 혁신의 성과임에 분명하다.

그러나 교육 환경의 개선은 한두 해의 투자로 이루어지는 것이 아니다. 10년 또는 20년을 투자해야 성과를 확인할 수 있는 많은 인내가 요구되는 분야이다. 그러므로 광양시의 교육환경개선사업은 지속적으로 추진해야 확실한 성과를 보장할 수 있다. 또한 광양시의 재정 상태를 고려하면, 사업비의 증액과 함께 학생과 교사에 대한 재정 지원도 대폭 확대해야 한다.

오늘날 농촌 인구가 도시로 떠나는 가장 중요한 이유는 교육 환경의 차이에 있다. 교육 격차는 지역 간 인구 이동을 결정하는 중요한 동인이다. 지방자치단체 간 경쟁이 치열한 지방화 시대에서 질 높은 교육 환경은 지역을 세일하고, 인구 유입을 촉진시킬 중요한 자원이다. 따라서 교육 환경 개선은 아무리 강조해도 지나치지 않다.

교수 출신 이성웅 시장이 추진하고 있는 광양시의 교육 혁신이 농촌 지역의 지방자치단체들에게 좋은 벤치마킹의 대상이 되길 기대한다.

- 무등일보, 2005. 02. 04.

26

김인규 군수의 장흥 마케팅

일본 오이타 현에 위치한 오야마 정(大山町)은 흔해 빠진 온천도 유명한 관광지도 없는 척박한 시골이었다. 철도와 고속도로가 통과하지 않아 공업단지 건설은 꿈도 꾸지 못했다. 인구는 계속 감소해 마을에는 가난과 노인만 남았다.

그런데 침체된 마을에 활력을 불어넣은 지도자가 나타났다. 야와타 하루미 정장(町長)이다. 그는 '매실과 밤나무를 심어 하와이에 가자.'라는 구호 아래 농가 소득 증대 사업을 실시했다. 매실(plum)과 밤(chestnut)을 집중적으로 심었고, 작목반도 구성했다. 젊은이들을 선진지로 견학도 보냈다. 결과는 10년 후에 나타났고 대박을 터뜨렸다.

야와타 정장의 NPC(New Plum and Chestnut) 운동은 주민이 주체가 되어 낙후된 농촌을 개발하고 성장시킨 교과서적 모델이 되었다. 1979년 오이타 현의 히라마쓰 모리히코 지사가 제창한 일촌일품운동은 야와타 정장의 주민운동에서 시작된 것이다. 야와타 정장의 주민운동은 요즘 유행하는 대표적인 지역 혁신 사례에 해당한다.

오야마 정과 유사한 경우가 우리나라의 장흥군이다. 장흥은 예로부터 문학과 예술을 숭상하여 '장흥문림'으로 표현되는 지역 특성을 보유하고 있다. 일제 시대에는 중남부권의 명실상부한 행정 중심지였다. 그러나 산업화 과정에서 장흥은 광주 대도시권과 광양만권, 목포권의 삼각 발전축에서 소외됐다. 그 결과 인구의 노령화가 매우 심하고, 재정 자립도는 전라남도에서 최하위 수준이 되었다.

이런 열악한 장흥의 여건으로는 외부로부터 사람과 자본, 기업을 끌어올 수 없다. 지역 회생 또한 쉽지 않다. 그렇다고 방법이 없는 것은 아니다. 지역 회생의 추진력을 내부에서 찾는 방법이다. 오야마 정의 사례처럼 지도자를 중심으로 지역민들이 지역 발전을 위한 주민운동을 전개하는 방식이다.

지역 주민이 주체가 되어 지역 발전을 꾀하는 방식을 내생적 지역 발전이라고 한다. 내생적 지역 발전에서 가장 중요한 요소 중의 하나가 민주적 리더십을 가진 지도자의 존재이다. 야와타 정장의 경우가 그렇다. 그런데 김인규 군수가 장흥의 장소 마케팅을 통해 내생적 지역 발전을 시도하고 있어 주목된다.

주지하는 것과 같이 장흥에는 유명한 관광지도, 지역 마케팅에 성공한 축제도 없었다. 그러나 검사 출신 목민관이 장흥의 조타수가 되면서 지역 변화의 조짐이 나타나고 있다. 농촌 지역인 장흥이 보유한 자연적·사회적·문화적 모든 것을 자원으로 활용하겠다는 야심 찬 '푸른장흥운동'이 그것이다.

장흥 마케팅의 간판 사업은 7월 초부터 문을 연 '정남진 토요시장'이다. 그러나 재래시장의 활성화가 쉽지 않은 상황에서 태동한 토요시장은 많은 문제와 한계를 노출하고 있다. 따라서 현시점에서 토요시장의 성과를 논하는 것은 어불성설이다. 그럼에도 불구하고 토요시장을 매개로 외부인을 유인하여, 지역에 활력을 불어넣겠다는 발상은 높이 평가할 수 있다.

전국 최대의 생약초 단지를 만든다는 구상도 돋보인다. 장흥의 약다산(藥多山)은 생약 관련 클러스터를 구축할 수 있는 장소적 근거성을 제공한다. 특히 장기적인 생약 수요를 고려한 생약초 재배 단지 조성은 생약 관련 연구 개발 기능을 유인할 수 있는 계기도 될 수 있다. 또한 김인규 군수가 야심 차게 추진하고 있는 부락 단위의 농촌체험마을 추진 사업에도 청신호가 켜졌다. 회진면 진목마을에서 처음 개최한 호박축제가 의외의 성공을 거두었기 때문이다. 사실 진목마을은 장흥 최남단에 위치한 곳이다. 그런데 호박을 주제로 마을 이장과 주민들이 합심해 생태체험축제를 성공시켰다.

사실 일반인에게 장흥은 그렇게 잘 알려진 매력적인 곳이 아니다. 게다가 지역을 대표하고 상징하는 뚜렷한 이미지와 브랜드도 축적되지 않았다. 인근의 보성은 '다향'으로, 그리고 강진은 '남도답사 1번지'로 통칭되지만, 장흥은 그렇지 못하다. 이런 상황에서 지역을 마케팅하기 위한 최근의 움직임은 장흥의 활력을 도모할 새로운 계기가 될 것이 분명하다.

그러나 김인규 군수의 장흥 마케팅이 뿌리를 내리고 일정한 성과를 거두기 위해서는 무엇보다도 먼저 장흥을 종합적으로 마케팅할 수 있는 지역 이미지, 브랜드, 슬로건이 설정되어야 한다. 또한 장소 마케팅의 성공에는 오랜 시간과 많은 인내, 주민의 적극적 참여가 필요하다는 사실도 명심해야 한다.

우리 속담에 '가난한 집안에 효자난다.'라는 말이 있다. 어려운 장흥의 현실은 오히려 창의적 리더십이 발휘될 좋은 텃밭이 될 수 있다. 야와타 정장이 오야마 정을 혁신한 것과 같이, 김인규 군수가 뚝심을 가지고 체계적인 장흥 마케팅을 추진하길 기대한다.

– 광주매일, 2005. 08. 12.

27

제설 작업과 낙선한 시장·구청장

미국 오하이오주립대학교에서 연구 활동을 할 때의 일이다. 밤새 눈이 엄청나게 내렸고, 다음 날 회의 참석을 위해 일리노이대학교에 가야 하는 일정 때문에 걱정이 많았다. 그러나 다음 날 도로의 제설 작업은 거의 완벽했다. 고속도로 또한 동일했다.

미국의 시카고에서 오하이오, 펜실베이니아, 뉴욕 주에 이르는 오대호 연안 지역은 겨울에 호수의 영향으로 폭설이 많이 내린다. 그래서 시카고 시장을 비롯한 크고 작은 지방자치단체장은 매년 겨울이면 제설 작업에 거의 사활을 건다. 제설 작업을 잘못해 주민에게 불편을 주면, 다음 선거에서 낙선하기 때문이다.

오대호 연안 지역만이 아니다. 미국에서 눈이 많이 내리는 일명 스노우벨트(Snow Belt) 지역의 경우, 자동차 체인을 사용할 일이 거의 없다. 제설 작업이 완벽하기 때문이다. 따라서 완벽한 제설 작업은 '재선으로 가는 지름길이다.'라는 상식이 지방 정가에 통용한다.

작년 12월 초·중순경 전라남도 지역에는 사상 최대의 폭설이 내렸다. 전라남도 지역의 많은 시설 및 축산 농가는 천문학적 피해를 보았다. 광주는 기상관측 이후 최대의 적설량을 기록했고, 제설 작업의 지연으로 주민들이 많은 불편을 겪었다.

기록적인 폭설의 사후 수습 활동 또한 원활하지 못했다. 각종 제설 장비와 관련 예산의 부족이 제설 작업을 더디게 했다. 복구 작업과 제설 작업이 느리게 진행된 것을 이해하지 못하는 것은 아니다. 그럼에도 불구하고 광주시와 북구청이 보여 준 느린 제설·제빙 작업은 비판받아 마땅하다.

박광태 시장은 틈만 나면 '1등 광주'를 강조한다. 그러나 이번의 제설 작업에 나타난 광주시의 모습은 꼴불견이었다. 이면도로는 말할 것도 없고, 주요 간선도로의 중앙선과 인도의 경계석에는 최근까지 얼음 조각이 뒹굴었다. 도로의 제설 작업을 현장 지휘하는 박 시장의 모습은 볼 수 없었다.

광주 북구청 또한 예외가 아니었다. 필자는 지난주까지 군데군데 남아 있는 도로 위의 얼음 때문에 야간 운전에 몹시 신경을 쓸 수밖에 없었다. 광주시장을 희망하는 김재균 북구청장은 주민 편의를 위해 제설 작업에 얼마나 관심을 가졌는지, 이면도로의 빙판길 해소를 위해 어떤 지시를 했고, 어떻게 확인했는지 그저 궁금할 뿐이다. 북구청의 사례로 다른 구청장의 행태도 미루어 짐작할 수 있다.

주지하는 것과 같이, 5월에는 광역단체장과 기초단체장, 광역의원과 기초의원을 뽑는 지방선거가 치러진다. 광역단체장이 정치적 의미가 큰 자리라면, 기초단체장은 주민 생활과 직결되는 행정을 펼치는 자리이다. 기초의원 또한 마찬가지이다.

특히 '지방의 소통령'이라고 불리는 기초단체장은 주민이 내는 세금으로 월급을 받는다. 제설과 제빙 작업, 방범과 치안, 교통 단속, 아파트 건설과 공원 조성 등 민생 현장과 직접 관련된 일도 기초단체장의 몫이다. 그래서 주민 생활의 편의 정도는 기초단체장의 활동에 좌우된다. 광역단체장과 기초의원의 역할도 중요하지만, 주민 생활에 미치는 기초단체장의 영향력에는 비교되지 못한다.

실제로 시·군·구 내의 치안 상태, 교육 환경, 주거 환경, 지방세 징수 금액 등은 기초단체장의 활동과 정책에 의해 결정된다. 교육 환경 개선을 위해 관련 조례를 제정하고 교사를 위한 인센티브 지원 등은 기초단체장의 활동 여하에 따라 언제든지 달라질 수 있다. 주민의 안전과 범죄 예방을 위한 서울 강남구청이 설치한 CCTV 정책이 대표적인 사례이다.

외국의 경우, 기초단체장 선거는 정당보다는 후보자의 정책에 무게를 둔다. 주민 생활의 편의 제공을 적절하게 수행할 후보자를 선호하기 때문이다. 눈이 많이 오는 지역에서는 제설 작업을 완벽하게 처리하는 단체장을 선출하며, 범죄 발생이 많은 도심 지구에서는 방범과 치안에 중점을 두는 후보자를 선출한다. 우리와 다른 선거 행태를 보이는 것이 특징이다.

오는 5월 31일에는 민선 4기 지방선거가 실시된다. 이번의 지방선거에서, 적어도 기초단체장은 정당보다도 주민 복지와 편의 제공에 우선순위를 두고 우리의 민생을 처리할 대표자를 선출해야 한다. 이것이 지방자치의 ABC이다.

이면도로의 제설 및 제빙 작업을 잘못했다는 이유로, 뒷산의 산책로 공사가 졸속으로 시행됐다는 이유로 시장·군수·구청장에 낙선했다는 소식이 지역 신문의 헤드라인을 장식하는 5월의 지방선거가 되었으면 한다.

- 광주매일, 2006. 01. 16.

28
열린우리당 광주시의회 의원님들께

의원님들께서 알고 있는 것과 같이, 지난 17일 광주·전라남도 공동 혁신도시 입지선정위원회는 입지 후보지 1순위로 나주시 금천 지역 일대를 선정했습니다.

나주·담양·장성이 치열하게 유치 경쟁을 펼쳤기 때문에 입지 선정의 결과에 대한 승복 여부가 주요 관심사였습니다. 그러나 담양과 장성은 결과에 승복했으며, 나주를 축하하는 멋진 모습을 연출했습니다.

지역민이 동의하고, 합리적 과정과 방법에 의해 혁신도시 입지 후보지가 선정됐기 때문에, 광주시장과 전라남도 도지사는 건설교통부 장관과 협의해 공동혁신도시 입지를 확정·발표하는 순서만 남아 있습니다.

이런 과정을 잘 알고 있는 의원님들께서 지난 16일 '공동혁신도시 후보지 결정을 중단하라.'는 성명을 발표했습니다. 공동혁신도시 자체를 중단시키라는 공세를 펼친 의도가 무엇인지 공개적으로 묻지 않을 수 없습니다.

물론 박광태 시장의 시정에 대한 비판·감시·조언은 시의원에게 부과된 본질적 책무입니다. 따라서 공동혁신도시를 건설하려는 박 시장의 정책적 판단에 대해 비판하고 대안을 제시하는 것은 너무나 당연한 행동입니다.

그럼에도 불구하고 혁신도시 입지 선정을 불과 하루 앞둔 시점에서 광주에 공동혁신도시를 건설하라는 성명을 발표한 이유를 쉽게 이해하기 힘들었습니다. 혹시 공동혁신도시의 개념과 타당성을 알지 못합니까? 지난 3월 이후 공공 기관 유치 과정에서 논의되고 8월에 기본 협약을 통해 확정된 그간의 과정을 모르고 있습니까? 그것도 아니면 6월부터 박 시장이 '광주와 가까운 전라남도에 공동혁신도시를 건설하겠다.'라고 주장할 때, 집단 외유를 했습니까?

반대 성명을 발표한 의원님들은 비교적 개혁적인 마인드를 가졌고, 명분과 논리에 강하며, 매우 적극적인 의정 활동을 수행해 광주시의회를 주도하는 것으로 알고 있습니다. 일명 '잘나가는 의원님'들이고, 향후의 지역 정치를 리드할 신진 정치인으로 평가받고 있는 것으로 알고 있습니다.

일명 잘나가는 여섯 분의 의원님들! 한번 생각을 해 보시죠. 먼저 공동혁신도시 건설 타당성에는 동의하시죠? 왜냐하면 의원님들은 그렇게 무식하지 않으니까요. 문제는 광주와 전라남도의 접경지에 혁신도시를 건설해, 한전의 지방세는 광주로, 전라남도 이전 기관의 지방세는 전라남도로 배분하자는 다분히 현실적인 대안을 주장하고 싶은 것 아닙니까?

의원님들의 주장이 틀리지 않습니다. 필자 또한 광주와 전라남도에 각각 신도시를 건설해 서로 연결시키는 일명 '트윈시티(twin city)'를 여러 대안 중의 하나로 제시한 적이 있습니다. 하지만 이 모델은 광주·전라남도의 공동혁신도시가 아니라 광주만의 혁신도시라는 것을 삼척동자도 인정한다는 점이 최대의 약점입니다. 게다가 광주지역 경계부에 설치된 그린벨트는 결정적 장애물이었습니다. 이 때문에 현실적 수용 가능성이 부족했습니다.

그래서 전문가와 시민단체가 토론해서 도출한 모델이 광주와 가까운 전라남도에 공동혁신도시를 건설하자는 것입니다. 이 개념은 참여정부도 적극 지원하는 개발 방식이지 않습니까? 그리고 광주와 인접한 전라남도에 공동혁신도시를 건설하면, 광주가 시가지 확대로 보다 많은 지역 승수 효과를 얻는다는 것은 주지의 사실입니다.

의원님들이 이런 사실을 모를 리 없습니다. 더구나 의원님들은 참여정부의 한 기둥을 담당하는 광주 지역의 열린우리당 열혈 당원이 아닙니까? 특히 신행정수도 이전 계획의 좌초로 공공 기관 지방 이전을 통해 지역 균형 발전을 도모하려는 참여정부의 정책 의지를 너무나 잘 알고 있지 않습니까?

시의원으로서 혁신도시 입지 선정에 대해 시민 여론을 대변하는 것은 맞습니다. 그러나 문제는 너무 늦었다는 것입니다. 지역민의 합의된 여론을 통해 진행된 계획에 딴죽을 거는 것은 비판받아 마땅합니다. 그동안 무엇을 하다가 이제야 지역 여론을 분열시키는 구정치인의 행태를 연출하고 있습니까?

이런 까닭에 대부분의 지역민들은 공동혁신도시를 원점에서 재검토하라는 의원님들의 행동에 의심스런 눈길을 보내고 있고, 민주당 시장에 대한 정치적 공세로 판단하고 있습니다.

연구하고 토론해 합리적인 시정 방향을 명쾌하게 제시하는 여러분들이, 광주 땅에 한전을 유치해야 한다는 소지역주의적 발상은 도대체 어떻게 된 것입니까? 혹시 내년 선거를 의식해 정치적 핫이슈를 선점하고 열린우리당의 바닥세를 만회해 보려는 계산된 행동이 아닌지 의심이 갑니다.

의원님들! 한전 광주 유치 운운과 박 시장 공격이 내년 선거에는 약간 도움이 될지 모릅니다. 그러나 명분과 실리가 있는 공동혁신도시 건설을 반대하면, 향후 지역 정치권에서 큰 정치인으로 성공하기 힘들다는 사실을 명심하고, '소탐대실'하지 않길 바랍니다.

- 광주매일, 2005. 11. 21.

29

공동혁신도시에 딴죽 거는 정치인들

지난달 28일 광주·전라남도 공동혁신도시 입지선정위원회는 17개 공공 기관이 이전할 혁신도시의 입지 후보지 세 곳을 확정했다. 그런데 최종 후보지 선정을 앞둔 시점에서 일부 정치인들이 딴죽을 걸고 있어 몹시 씁쓸하다.

최근 열린우리당 광주시당 위원장은 광주에 이전하기로 한 한전 관련 기관의 전라남도 배치를 비판했다. 동부권의 열린우리당 국회의원들 또한 일부 공공 기관을 동부권에 배치하라는 엉뚱한 소리를 했다.

'자다가 봉창 두드리는 소리'를 하는 이들은 그동안 어디에 있었는지, 혹시 미국에 이민을 갔다 왔는지 반문하지 않을 수 없다. 광주·전라남도의 공동혁신도시 건설에 대한 당위성은 전문가들에 의해 주장된 개념이고, 토론을 통해 이미 합의된 사항이다.

참여정부의 공공 기관 지방 이전 계획이 발표되면서, 수도권 소재의 공공 기관들은 계획에 불만을 나타냈다. 수도권에 잔류할 명분 찾기에 혈안이었다. 관계 부처를 상대로 로비도 치열하게 펼쳤다. 그뿐만 아니라 지방자치단체들도 알짜배기 기관을 유치하기 위해 분주하게 움직였다. 필자가 특별위원회의 위원으로 활동했기 때문에, 그 과정을 비교적 소상하게 알고 있다.

이런 과정에서 박광태 시장과 박준영 도지사는 광주와 전라남도의 상생 발전이라는 대의명분을 가지고, 공공 기관 유치 활동에 공동 보조를 취했다. 이전 기관들 중 핵심인 한전 유치를 놓고 광주와 전라남도가 고민하는 과정에서 박 시장은 국무총리를 방문해 한전을 광주로 배정해 주면, 광주와 전라남도가 공동혁신도시를 건설하겠다고 제안했다. 전라남도 또한 광주의 산업과 연계된 공공 기관의 전라남도 유치를 희망하면서 18개 기관이 광주와 전라남도 지역으로 이전하게 됐다.

광주와 전라남도가 공동혁신도시를 건설하겠다는 구상은 공공 기관의 지방 이전을 통해 지역 간 균형 발전을 꾀하려는 참여정부에게 좋은 모델을 제시했다. 참여정부는 공동혁신도시 건설을 모범적 사례로 평가하고 적극적인 지원을 약속했다. 게다가 공동혁신도시 건설 구상은 광주와 전라남도로의 이전을 꺼리는 공공 기관이 주장하는 이전 반대의 논리를 궁색하게 만들었다.

그뿐만 아니라 광주와 전라남도의 공동혁신도시 건설 계획은 대구와 경상북도, 울산과 경상남도 등지에 미묘한 파장을 일으켰다. 입지 및 지역개발 전문가들은 광주와 전라남도가 계획한 공동혁신도시 건설에 동의하고 순조롭게 진행되길 바라면서도 '잘 될까?'하는 조심스런 시각으로 이 지역을 주시했다.

'투박(two-park)'이 합의하고 전문가와 시민단체가 지지한 공동혁신도시 건설 구상은 광주와 전라남도의 한 뿌리를 확인시키는 계기가 되면서 지역민의 폭넓은 지지를 받았다. 물론 토론 과정에서 일부 지역과 단체가 부정적 의견을 제시하기도 했다. 그러나 공동혁신도시는 상징성과 명분, 실리, 지역개발의 파급 효과 등 많은 이점 때문에 대세로 자리 잡았다. 8월에 중앙 부처 장관, 시도지사, 이전 기관 대표가 '이전 이행 기본 협약'을 체결하면서, 공동혁신도시 건설은 변경할 수 없는 사실이 되었다.

그리고 지난 8월 30일에 공동혁신도시 입지선정위원회의 첫 번째 회의를 시작으로 공동혁신도시 입지 선정에 관한 본격적인 논의가 행해졌고, 30여 명이 참여한 연구단의 작업을 통해 지난달 28일 3개 후보지로 압축되었다.

이전 과정을 거치면서, 공동혁신도시 건설은 광주와 전라남도 주민의 의사가 수렴되고 합의된 부동의 계획이 되었다. 거액의 지방세를 포기해야 하는 광주 시민과 도심 공동화로 애타는 동구, 광주 근교 입지에 대한 전라남도의 광양만권·중남부권·서남부권의 불만이 틀린 것은 아니다. 그럼에도 불구하고 이들이 목소리를 내지 않은 이유는 공동혁신도시가 가지는 장점이 너무 많기 때문이다.

그런데 이게 웬일인가? 공동혁신도시 입지 선정이 순항하고, 전라북도와 경상남도에서 혁신도시 입지가 확정됨에 따라, 일부 정치인들이 정치적 득실을 계산해 '자다가 봉창을 두드리는 소리'를 하고 있다. 그것도 지역 균형 발전과 지방분권을 주요 국정 과제로 설정한 열린우리당 소속의 정치인들이 말이다.

공동혁신도시는 규모 경제와 집적 이익을 바탕으로 전라남도 발전의 성장거점 역할을 수행함과 동시에 광주 대도시권의 범역을 확대시킬 수 있다는 측면에서 광주와 전라남도에게 이익이 되는 수용 가능한 최선의 카드이다.

　열린우리당 소속 정치인의 딴죽이 민주당 소속의 시장과 도지사를 공격해 정치적 이득을 얻으려는 속셈인지는 알 수 없다. 그러나 이들의 딴죽이 공공 기관 지방 이전 계획이 실패하길 원하고, 우리 지역으로 이전을 주저하는 기관들을 들쑤셔 공동혁신도시에 초를 치는 누를 끼치지 않길 바란다.

- 광주매일, 2005. 11. 07.

광양만권 지역 문제와 지역 정책

30

광양만권의 변화 과정과 특징

1) 농어촌에서 임해형 공업 지역으로 변신

일반적으로 인간 삶의 터전인 지역은 여러 요인에 의해 끊임없이 변화한다. 어떤 지역은 지속적으로 성장하고 발전하는 반면, 어떤 지역은 성장을 지속시키지 못하고 쇠락의 길을 걷기도 한다. 광양만권은 전자에 속하는 대표적인 지역에 해당한다.

광양만권은 광양만에 접해 있는 전라남도의 여수시, 순천시, 광양시와 경상남도의 하동군, 남해군 등을 포함하는 지리적 범위를 지칭한다. 그러나 인접 도시와의 지리적 연계성과 산업구조적 속성이 강하여 동일한 지역 경제권을 형성하고 있는 전라남도의 여수시, 순천시, 광양시를 포함하는 계획권역(planning region)을 '광양만권'이라 말한다. 반면 산업적 연계성이 비교적 적은 경상남도의 하동군과 남해군을 포함한 계획권역을 '광역 광양만권'이라 부른다.

전라남도의 동부에 위치하며 섬진강을 경계로 경상남도 서부와 인접한 광양만권은 농업과 수산업 중심의 전형적인 농어촌 지역이었다. 하지만 1967년 호남정유 기공, 1987년 광양제철소 준공, 1997년 광양컨테이너부두 개장, 2004년 광양만권 경제자유구역 지정 등으로 광양만권은 우리나라의 대표적인 임해형 공업 지역으로 성장했다.

광양만권이 공업 지역으로 성장한 배경에는 지리적 위치성이라는 내부적 요인과 중앙정부 정책이라는 외부적 요인이 복합적으로 작용했다. 남해안에 면해 있는 우수한 항만 조건이 내부적 요인이라면, 석유화학공단, 제철소, 컨테이너부두 건설 등은 정부 정책의 결과이다.

전라남도 인구의 36.4%(2007년 현재)를 차지하고 있는 광양만권에는 여수국가산단을 비롯하여 율촌1산단, 해룡산단, 초남산단, 광양컨테이너부두, 광양제철소와 연관 단지, 태인산단 등이 환형의 공업벨트를 구축하고 있다. 광양만권은 전라남도 지역내총생산(GRDP)의 78.5%를 차지하는 전라남도의 핵심 지역으로 기능하고 있다.

2) 광양만권 성장의 제1인큐베이터: 석유화학공단

광양만권 성장을 이끈 첫 번째 인큐베이터는 여천석유화학공단이다. 오늘날 여수국가산단으로 불리는 우리나라 최대 석유화학 공단은 박정희 정부가 만든 국토 균형 정책의 산물이다.

1966년 4월 12일 연두 순시를 위해 전라남도를 방문한 박정희 대통령에게 지역민들은 제2정유공장 건설의 최적지로 여천 지역을 건의했다. 전라남도의 건의를 받은 정부는 국토의 균형 발전과 낙후된 전라남도 발전을 위해 여천군 삼일면 일대를 제2정유공장의 입지로 결정했고, 1967년 2월에 제2정유공장 기공식을 거행했다.

반농 반어적 경제구조를 가진 여천 지역에 호남정유 건설이 시작되면서 대규모 공단 개발이 행해졌고, 삼일면 일대는 말 그대로 '상전벽해'가 되었다. 1973년 정부의 중화학공업 육성 계획에 의해 산업기지 개발공사 여천건설사무소가 개소되었고, 호남에틸렌, 대성메탄올, 남해화학, 다우케미컬, 한양화학 등 석유화학 계열 공장들이 건설되었다.

공장 건설과 함께 1976년 쌍봉면에 공단 종사자를 위한 주거 단지가 조성되었다. 그리고 여천석유화학단지가 개발된 지 20년 만인 1987년 인구 규모 5만 6000명의 계획도시인 여천시가 탄생했다.

여수국가산단으로 명칭이 변경된 여천석유화학단지는 정유, 비료 석유화학 계열의 업종이 입주한 우리나라 최대의 중화학 공업단지로서 에너지, 비료, 석유화학 등 산업용 원료 소재를 생산하고 있다.

여천석유화학단지의 건설과 활성화는 여수 지역 인구와 경제구조를 획기적으로 변화시켰다. 1976년 3만 명으로 시작된 여천지구출장소 인구는 1996년 8만여 명의 신도시로 성장했고, 기존의 수산업 중심에서 제조업 중심으로 지역 경제의 구조가 재편됐다. 결과적으로 석유화학 공단은 여수 지역의 도시화와 공업화에 결정적인 기여를 했다.

3) 광양만권 성장의 제2인큐베이터: 광양제철소

광양만권 성장을 이끈 두 번째 인큐베이터는 광양제철소이다. 여천 석유화학단지 입지가 광양만권 공업화의 토대였다면, 광양제철소 건설은 광양만권 공업화에 방아쇠 역할을 했다고 해도 과언이 아니다.

원래 제2제철소 건설 후보지는 광양만이 아닌 충남 아산만이 검토됐다. 하지만 지역 간 균형 발전이라는 대의명분과 광양만이 가진 천혜의 항만 조건 때문에 1981년 6월 당시의 광양군 골약면 금호도 일대가 제2 제철소 건설 대상지로 확정됐다.

1983년 2월 광양제철소 부지 준설 공사가 착공됐고, 1985년 3월에는 270만 톤 생산 규모의 광양제철소 제1기 설비 공사가 착공됐다. 1987년 5월에는 대형 고로, 제강 공장, 연속 주조 공장, 열연 공장, 항만 하역 시설을 갖춘 광양제철소 제1기 종합 준공식(조강 생산 1180만 톤)이 행해졌고, 명실상부한 종합 제철소가 탄생했다. 광양제철소는 지속적으로 설비를 확장하여 1999년에는 조강 생산 2800만 톤 규모의 세계적인 제철소로 성장했다.

한편, 제철소가 건설되면서 제철소와 전후방 연계를 가진 기업과 공장이 속속 광양제철소 인근에 자리를 잡았다. 태인산단, 초남산단, 장내산단, 신금산단, 명당산단 등이 그것이다.

4) 포스코가 만든 기업도시 광양시

광양제철소는 광양 지역을 철강도시로 변모시켰다. 제철소가 건설되기 이전 광양군의 인구 규모는 전라남도에서 최하위인 7만 8478명(1981년)이었다. 함평군(2005년 인구 3만 6188명), 보성군(2005년 인구 4만 5964명)보다 적은 인구였다. 하지만 광양제철소가 준공되면서 도시화와 공업화가 진전되어 광양시의 인구는 13만 5881명으로 성장했다. 지역 경제는 농어업에서 제조업으로 전환됐고, 전라남도에서 가장 잘사는 도시가 되었다.

광양제철소는 지역 경제 활성화에 결정적인 계기를 제공했다. 제철소의 직접 고용은 7,200여 명이고, 연관 기업을 합하면 1만 3000여 명에 이른다. 상업과 서비스업 인구를 포함하면 광양시 인구의 약 60%가 제철소와 직간접적으로 관련된다. 또한 제철소 입지로 광양시 재정 자립도는 1982년 23%에서 2008년 48%로 크게 성장했다. 광양시 지방세 수입(2006년 기준)의 약 59%(639억 원)를 제철소가 담당한다.

광양제철소가 기업 이익을 사회에 환원하는 지역사회 협력 활동은 광양시의 사회문화적 환경을 크게 개선시켰다. 광양시를 상징하는 랜드마크인 광양커뮤니티센터, 전남드래곤즈 축구단, 백운아트홀 등이 그것이다. 포스코 장학금은 광양 지역 학생들의 학력(學力)에 크게 기여했다.

광양시는 울산, 구미 등과 함께 우리나라의 대표적인 기업도시이다. 제철소의 입지로 광양시는 14만 명의 인구를 자랑하는 도시로 성장했고, 철강과 물류도시라는 도시 이미지도 새롭게 형성됐다. 인구 성장, 제조업 중심의 경제구조, 기업도시의 이미지 구축 등은 광양제철소가 만든 유산이다.

5) 광양만권 공업화의 최대 수혜 도시, 순천시

'재주는 광양이 넘고, 돈은 순천이 번다.'라고 할까. 광양만권 공업화로 인한 성장의 파급 효과를 가장 많이 경험하고 수용한 도시가 바로 순천시이다. 순천시가 광양만권의 성장 효과를 누릴 수 있었던 주요 배경은 교통의 결절성, 비교 우위를 가진 교육·상업·서비스 중심의 도시 기능, 쾌적하고 안정된 주거 환경 등이다.

순천시가 인구 27만 명으로 전라남도 제2의 도시로 성장한 배경은 전적으로 광양만권 공업화에 기인한다. 순천시는 광양만권의 공업화가 활발했던 1980년 이후 인구가 꾸준히 성장했는데, 이는 광양과 여수를 포함한 주변 지역과 외부 지역에서 들어온 전입 인구 때문이었다. 특히 1994년부터 2003년까지 인구 증가율은 11.7%를 기록했다.

광양만권의 공업화로 인해, 광양·여수와 지리적으로 인접한 연향·금당지구라는 신시가지가 건설되었고, 현재는 순천시 상업과 주거의 중심 지구를 형성하고 있다. 특히 연향동 일대는 대규모 쇼핑 시설과 상가, 병원, 음식점 등이 밀집하여 광양만권의 상업·서비스 중심 지구 역할을 수행하고 있다.

또한 소비도시형 경제구조에서 제조업의 비중이 증가하고 있는 것 또한 광양만권 공업화의 영향이다. 순천 서면의 일반 산단이 기존의 식료품 중심에서 비금속과 조립금속 중심으로 재편됐고, 해룡산단이 개발되고 있는 것이 좋은 사례이다.

6) 광양만권의 성장 잠재력은 충분하다

일반적으로 특정 지역의 성장 잠재력은 지역의 내부적 여건과 외부와의 관계에 의해 결정된다. 지역 내부 성장 잠재력은 인구 증가, 투자 확대의 지속성, 그리고 지역 내 기업의 생산성 향상 여부에 의해 좌우된다.

지역 내부의 성장 잠재력 전망은 매우 밝다. 광양만권의 현재 인구 (2005년 기준)는 67만 5996명으로 전라남도의 약 37.1%, 전국의 약

1.4%를 차지한다. 권역 내 농촌 지역 인구의 과소화와 고령화로 인해 인구 감소 요인이 있지만, 지역 내 산업 투자의 증가로 인구는 지속적으로 증가할 것으로 예상된다.

투자 확대의 지속성 또한 긍정적이다. 권역 내 도시와 공단 개발, 2012년 여수 세계박람회 개최, 여수 화양지구 관광특구 개발 등은 투자 확대를 선도하는 주요 프로젝트이다. 그뿐만 아니라 권역 내의 생산성 향상도 긍정적이다. 여수국가산단에 입지한 대기업과 포스코 등의 기업 혁신이 행해지고 산업 부문의 고도화가 이루어질 것으로 전망되기 때문이다.

외부적 요인 또한 나쁘지 않다. 환태평양에 열려 있는 광양만권은 한중일 중심의 동북아시아 경제권에서 생산 공간과 물류 공간으로 기능하는 데 손색이 없다. 광양컨테이너부두는 광양만권의 대외 경쟁력을 강화시키는 핵심적인 성장 동력이다.

MB정부가 추진하려고 구상 중인 '남해안 선벨트(sun-belt)사업'은 남해안 중앙에 위치한 광양만권의 역할과 위상을 크게 제고시킬 수 있다. 특히 영호남을 포괄하는 광양만권의 중간지적 위치성은 정부의 재정 투자와 대형 지역개발 프로젝트를 유인할 수 있는 외부적 잠재력이다.

따라서 권역 내의 안정적인 산업적 인프라, 해양 지향적 개방성과 연계성, 영호남을 포괄하는 위치성과 사회정치적 상징성 등을 고려할 때, 향후 광양만권의 성장 잠재력은 충분하다고 판단된다.

7) 광양만권 발전의 주요 과제와 전략

우리나라의 대표적인 임해 공업 지역으로 등장한 광양만권이 지속적인 발전을 통해 남해안 발전의 성장 거점이 되기 위해서는 지역사회가 고민하고 풀어야 할 과제가 있다.

첫째, 광양만권 중심의 광역적 교통 체계가 구축되어야 한다. 수도권과 동남권과 연계되는 광역적 교통망은 물론이고, 연륙·연도교 개설을 통한 광양만 중심의 환형 교통망, 공항 접근성 개선 등이 필요하다.

둘째, 광양만권 경제자유구역의 활성화이다. 전략 산업 유치, 광양항 종합 물류 거점화, 교육과 의료를 포함한 쾌적한 정주 환경 조성 등이 중요하며, 특히 율촌산단 활성화는 광양만권 발전의 필수 조건이다.

셋째, 여수 중심의 해양 관광 활성화이다. 소규모 휴양형 워터프런트 개발, 한중일 해상 관광 루트 구축, 연안과 도서의 해양 관광 네트워크, 2012 여수 세계박람회의 성공적 개최 등에 관심을 가져야 한다.

넷째, 기업 활동에 유리한 사회적 자본의 축적이다. 지역 성장의 열쇠는 기업 활동이기 때문에 기업이 투자를 늘려 일자리를 만들어야 한다. 포스코의 광양시, 조선 산업의 메카인 거제시가 대표적인 사례이다. 지역사회와 주민의 친기업적인 마인드 확산, 노사 환경의 안정성, 기업 중심의 지역 행정 시행 등은 아무리 강조해도 지나치지 않다.

마지막으로 여수, 순천, 광양의 '도시동맹'을 구축하는 것이다. 광양만권이 지속적으로 성장하기 위해서는 갈등과 경쟁이 아닌 협력과 연대가 전제되어야 한다. 3개 도시가 서로 협력하고 연대하여 공동 발전을 꾀할 수 있는 사회제도적 환경을 만드는 것은 화급한 과제이다.

결론적으로, 광양만권의 발전은 내부적인 동인보다는 중앙정부와 외부 기업에 의해 행해졌다. 그렇지만 광양만권이 향후 지속적인 성장을 유지하기 위해서는 지역 내부의 역량을 축적하는 것이 급선무이다. 특히 기업 활동에 우호적인 사회적 환경, 기업 투자에 편리한 사회제도의 조성 등은 지역의 내부 역량을 강화하는 필요조건들이다.

이를 위해서는 광양만권 3개 지방자치단체가 협력해야 한다. 규모경제가 강조되는 오늘날의 지역개발 패러다임에서 '지역 규모(critical mass)'를 키워야 한다. 지역 규모를 키우면 지역 잠재력은 저절로 확대된다. 이것이 지역 경제의 핵심이다. 그렇게 된다면, 광주시민·전라남도민의 영원한 '삶의 터전'인 광양만권의 미래는 매우 밝을 것이다.

— 조선일보, 2008. 06. 28.

31

광양만권의 새로운 비전을 만들어야 한다

우리나라의 대표적인 임해 공업 지역 중의 하나인 광양만권은 지역 발전에 필요한 많은 인프라를 가지고 있다. 철강과 석유화학으로 특화된 공업 단지, 광양컨테이너부두, 광양만권 경제자유구역, 안정된 도시 인구, 온화한 기후 조건 등이 그것이다.

게다가 광양만권은 2012 여수 세계박람회 유치를 통해 지역 발전의 최대 걸림돌이었던 수도권과의 접근성이 크게 개선되어 기업 유치와 관광객 유인에 유리한 여건을 확보하게 됐다. 또한 MB정부가 추진하려는 남해안 선벨트 구상도 광양만권 발전에 새로운 계기를 주는 청신호가 될 것이 분명하다.

하지만 우리나라 산업의 핵심 지역으로 부상한 광양만권이 성장을 지속할 수 있을지 속단하기가 쉽지 않다. 지역 발전에서 가장 중요한 것은 성장 동력을 지역사회 내부에서 확보하는 것이다. 그러나 광양만권 발전은 지역 주민과 지역 자본이 아닌 중앙정부의 정책적 지원과 포스코를 비롯한 대기업 등 외부 동인에 의해 주도됐다는 점이다.

광양만권이 우리나라 신산업의 메카로, 규모 경제가 확보된 광역 경제권으로, 남해안 발전을 주도하는 성장 거점으로 뿌리내리기 위해서는 어떻게 해야 할 것인가. 해답은 지역사회가 주체가 되어 광양만권의 새로운 비전을 만드는 일이다. 이를 위한 핵심 과제는 기업 활동에 필요한 사회적 자본(social capital)을 축적하는 것이다.

여수를 석유화학의 메카로, 광양을 철강과 항만도시로, 순천을 광양만권 중심 도시로 성장시킨 주요 동인은 기업이었다. 만약 광양만권이 기업 입지에 불리했다면 여수가 전라남도 최대의 도시로, 광양만권이 70만 명의 인구로 전국 14위 도시권으로 성장하지는 못했다. 따라서 광양만권이 100만 명의 대도시권으로 성장하기 위해서는 기업 유치가 계속돼야 한다.

앞서 말한 것과 같이, 광양만권은 기업 활동에 필요한 물리적 인프라를 확보했지만 이것이 기업 유치를 보장하지는 못한다. 경제 블록 간 경쟁이 치열한 세계경제에서는 글로벌 스탠더드(global standard) 수준의 사회적 인프라가 더욱 중요하다. 기업에 우호적인 사회적 자본이 없으면 자본가들은 광양만권을 회피하기 때문이다.

그렇지만 광양만권이 안정적인 노사 환경, 친기업적인 지역 정책, 지역사회의 친기업적인 마인드 조성, 기업에서 필요한 인력의 원활한 공급, 창업 활동과 연구 개발을 지원하는 지역사회 기금 조성, 기업과 지역사회의 갈등을 조정하는 거버넌스 구축 등 기업에 필요한 사회적 자본을 만들면, 기업 자본은 광양만권에 몰려들 것이다.

광양만권의 또 다른 과제는 광양만권을 하나의 경제권으로 만드는 일이다. 지방자치단체 간 경쟁을 펼치는 시대는 지나갔다. 특정 경제권이 국내는 물론이고 세계적 경쟁력을 확보하기 위해서는 권역 내의 지방자치단체들이 서로 협력하고 제휴해야 한다. 여수, 순천, 광양은 물론이고 경상남도 하동, 남해, 사천 등과 연대하여 광역 경제권을 구축할 때, 광양만권이 구축한 물리적 인프라와 사회적 자본은 진가를 발휘하게 된다.

미국 최대의 공업 지역인 디트로이트 일대는 남부로 이전하는 기업 때문에 지역 경제가 빈사 상태이다. 기업 활동에 필요한 사회적 자본을 만들지 못한 결과이다. 기업 활동에 필요한 사회적 자본을 축적할 때 광양만권 발전의 미래를 담보할 수 있다. 이는 전적으로 광양만권 주민의 몫이다.

– 조선일보, 2009. 04. 17.

32

여수 세계박람회 유치, 정부에 달렸다

"열심히 노력하고 신중하게 임하면 가능성이 있다." 2012 여수 세계박람회 유치 가능성에 대한 국제박람회기구(Bureau International des Expositions, BIE) 로세르탈레스(Vicente Gonzalez Loscertales) 사무총장의 말이다. 그는 지난 17일 여수를 방문해 외교관답게 현란한 수사로 지역민의 귀를 즐겁게 했다.

열심히 노력하면 성공한다는 것은 삼척동자도 알고 있는 세상의 이치이다. 그런 상식을 외교적 수사로 슬쩍 넘어갔다. 그러나 경쟁국과 관련해서는 분명한 태도를 보였다. 필자가 예측한 것과 같이("광주일보", 월요광장 6월 5일자) 모로코(탕헤르), 폴란드(브로츠와프)와 경쟁하는 삼파전을 시사했다.

삼파전이 전개되면, 여수 유치를 성공할 수 있을까? 내년 12월에 총회에서 투표로 결정될 사항을 예단하는 것은 무리이다. 상황이 그렇게 유리하지 않다. 왜냐하면 중국 상하이와 경쟁한 2002년의 실패 요인이 아직도 잠복해 있고, 로세르탈레스 총장이 유치 성공의 핵심 요인으로 지적한 중앙정부의 강력한 의지를 읽기가 쉽지 않기 때문이다.

2010년 여수 세계박람회 유치의 실패 요인은 복합적이다. 하지만 가장 많이 지적된 요인은 중앙정부의 의지 부족과 외교 역량의 열세였다. 중국은 2008년 베이징 올림픽과 2010년 상하이 세계박람회 개최를 통해 중국을 선진국으로 도약시킨다는 국가 비전을 수립했고, 세계박람회 유치를 국가의 제1과제로 추진했다. 반면에 한국은 국가 계획으로 확정한 것이 고작이었다.

외교 역량의 부족 또한 마찬가지다. 우리나라의 외교 공관이 설치된 국가는 57개국, 중국은 76개국으로 우리가 절대적으로 열세였다. 게다가 당시 장쩌민(江澤民) 주석과 주룽지(朱镕基) 총리는 많은 BIE 회원국을 방문해 적극적인 정상 외교를 펼쳤다. 반면에 우리 정부는 대선 정국으로 인해 적극적인 유치 외교를 펼치지 못했다.

세계박람회 개최지 결정은 위원들의 개인적인 성향이 개최지 결정에 중요한 영향을 미치는 올림픽이나 월드컵과는 달리 중앙정부의 훈령을 받은 외교관의 투표로 결정된다. 정부 간 외교 관계와 유치 활동이 투표에 결정적인 영향을 미치는 것은 자명하다.

그러면 중앙정부는 어떻게 해야 하는가. 가장 중요한 것은 대통령과 총리가 세계박람회 개최에 대해 강력한 의지를 천명하고, 이를 지원할 범정부적 시스템을 만드는 것이다. 총리는 대륙별·거점별로 시범적인 유치 외교를 전개하고, 회원국에 주재하는 외교 라인을 독려해야 한다. 외교 라인의 활동 정도가 유치 성공의 열쇠라는 사실은 2010년의 경험에서 얻은 소중한 교훈이다.

또한 중앙정부는 외교 라인과 병립해서 한국을 대표하는 세계적 기업과 연계해 홍보 활동을 수행해야 한다. 그런데 중앙유치위원회가 국내의 유수한 기업과 연계하지 못해 그 활동이 2010년보다 저조할 것이라는 지적이 나오고 있다. 사실이 그렇다면 중앙정부는 중앙유치위원회 활동의 강화를 위한 특단의 지원 조치를 구체적으로 취해야 한다.

특히 유치 활동 과정에서 중앙정부는 '한국이 세계박람회를 개최하는 이유'에 대한 분명한 근거를 회원국들에게 전달해야 한다. 여수의 강력한 경쟁 도시인 탕헤르의 주제는 매우 분명하다. '하나의 세계를 위해 문화를 연결하는 세계 통로'가 주제이다. 유럽과 아프리카를 연결하고, 선진국과 개발도상국을 연결하며, 기독교 문화와 이슬람 문화를 연결하는 통로를 강조하고 있다. 여수보다 설득력이 있는 주제이다.

마지막으로 중앙정부는 내년 3월경 실시될 BIE 현지 실사단에게 강력한 의지를 보여 주어야 한다. 여수의 부족한 사회간접자본 확충에 대한 청사진이 아닌 공사 현장을 직접 보여 주어야 한다. 2010년 실사단이 가졌던 사회간접자본 부족에 대한 낮은 평가를 보완할 실제적 상황을 중앙정부가 연출하는 것이다. 여수 중심의 남북 및 동서 교통망 확충을 위한 건설 사업의 조기 시행은 중앙정부의 의지를 보여 줄 좋은 사업이 될 수 있다.

여수 세계박람회의 유치 성공을 위한 지방정부의 역할은 그렇게 많지 않다. BIE 총회가 14개월 앞으로 다가온 시점에서, 로세르탈레스 총장의 지적처럼 중앙정부의 강력한 유치 의지가 반영된 묘안을 내놓길 기대한다.

- 광주일보, 2006. 10. 23.

33

험난한 여수 세계박람회 유치 경쟁

지난달 22일 정부는 2012년 세계박람회를 여수에서 개최하겠다는 신청서를 BIE에 공식 제출했다. 이로써 여수 세계박람회 유치를 위한 국제적 경쟁이 본격 점화됐다.

2010년에 이어 여수의 재도전이 시작됐다. 하지만 유치 여부는 불확실하다. 그런데 여수의 유치 여부를 가름할 수 있는 국제회의가 지난 5월 18일부터 20일까지 스위스 제네바에서 열렸다. BIE와 제네바가 공동 주최한 '월드포럼(World Forum)'에는 세계박람회에 관심 있는 전 세계 600여 명의 전문가들이 참가했다.

포럼에 참석한 필자는 BIE 우진민(吳建民) 의장의 개회사에서 큰 충격을 받았다. 그는 아프리카와 이슬람권에서도 세계박람회를 개최해 제3세계 도시 발전을 꾀해야 한다고 주장했다. 향후 박람회는 아프리카에서 개최돼야 한다는 강한 메시지였다. 또한 그는 박람회가 성공하기 위해서는 주제가 명확해야 한다고 강조했다.

최근까지 여수는 폴란드를 비롯한 유럽 도시와 경쟁할 것이고, BIE 회원국들에게 지명도가 높은 우리나라가 상대적으로 유리하다는 기대감을 가졌다. 그러나 모로코의 탕헤르가 유치 경쟁에 뛰어들면서 여수는 매우 힘겨운 상대를 만났다.

현재 우리나라와 폴란드, 모로코가 유치 의사를 공식 표명한 상태여서 향후 유치 경쟁은 삼파전이 될 가능성이 많다. 문제는 모로코 탕헤르와의 경쟁에서 이기는 것이다. 모로코 탕헤르는 아프리카 북서단 지브롤터 해협에 면해 있는 항구이다. 에스파냐 남부와 뱃길로 두 시간 거리이며, 유럽 관광객이 많이 방문하는 관광도시이자 아프리카 속의 이슬람 도시이다.

BIE 의장의 지적을 고려하면, 여수는 모로코에 비해 분명 약점이 많다. 탕헤르 최대 강점은 아프리카 및 이슬람권에서 세계박람회 유치 경쟁에 뛰어든 최초의 도시라는 사실이다. 만약 탕헤르가 개최지로 선정되면 그동안 소외되었던 아프리카와 이슬람권 국가들을 무마시킬 수 있는 장점이 있다.

세계박람회 주제의 불명확성도 약점이다. 최근 여수 세계박람회의 주제가 '살아 있는 바다와 연안'으로 확정됐다. 그러나 주제의 메시지가 분명하지 않다. 왜 한국에서 세계박람회를 또다시 개최해야 하는가에 대한 논리와 명분을 쉽게 설명하지 못한다. 주제가 모호해서 회원국들을 쉽게 이해시키기 어렵다.

약점은 또 있다. 모로코나 탕헤르가 세계박람회 유치를 위해 전개하는 활동에 대한 정보의 부재이다. 적을 알아야 전투에서 승리할 수 있다. 그러나 중앙정부는 물론이고 전라남도와 여수시는 탕헤르의 움직임을 거의 모르고 있다. 아프리카의 27개국에서 약 50여 명이 월드포럼에 참가한 사실을 주목해야 하는 이유가 바로 여기에 있다.

세계박람회 개최지는 해당 국가의 훈령을 받는 외교관의 투표로 결정된다. 그래서 중앙정부가 적극 노력하면 세계 11위 경제대국인 '코리아'의 지명도를 바탕으로 탕헤르와 경쟁하는 것이 어렵지 않다. 그런데 정부는 여수 세계박람회에 큰 비중을 두지 않는 눈치이다. 내년 대선이라는 향후 정치 일정을 고려하면 더욱 그렇다.

여수 세계박람회 유치 여부는 중앙정부, 특히 외교통상부(현 외교부)의 노력에 달렸다 해도 틀리지 않다. 따라서 중앙정부의 소극적 태도를 적극적 태도로 바꾸는 것이 급선무이다. 정부의 적극적 활동을 이끌어낼 사람은 지역민의 성원을 받아 당선된 지방자치단체장들인 박준영 도지사와 오현섭 여수시장 당선자이다. 박 지사와 오 당선자는 세계박람회 유치를 선거의 핵심 공약으로 제시했다. 때문에 정부를 움직여 범정부 차원의 체계적인 지원 활동 확립, 전 세계 해외공관의 대사를 손쉽게 움직일 조직위원회 구성, 범국민적 분위기 조성 등에 진력해야 한다. 유치 지원 활동 또한 두 사람이 담당할 책무다. 특히 두 사람은 세계박람회 유치 여부가 자신들의 정치 생명에 결정적 변수가 된다는 사실을 명심하고 유치 활동을 위한 로드맵(road map)을 재설정해야 한다.

모로코 탕헤르의 등장으로 여수 세계박람회의 유치 경쟁이 험난해졌다. 적을 알고 나를 알면 백전백승이라고 했다. 세계박람회의 성공적 유치를 위해 박 도지사와 오 여수시장 당선자가 지금 당장 모로코를 방문해 보는 것은 어떨까.

- 광주일보, 2006. 06. 05.

34

기업 시민 광양제철소의 고민

21세기 기업 경영에서 강조되는 개념 중의 하나가 기업의 사회적 책임이다. 그리고 기업의 사회적 책임이 중시되면서 등장한 용어가 '기업 시민'이다. 기업도 일반 시민과 마찬가지로 사회 일원으로 지역과 국가 발전에 공헌할 책임이 있고, 사회 공헌 활동을 통해 선량한 기업 시민의 책무를 다해야 한다는 논리이다.

미국 "포천(Fortune)"지는 매년 '세계에서 가장 존경받는 기업'을 뽑는다. 선정된 기업들은 예외 없이 활발한 사회 공헌 활동을 하고 있다. 환경, 어린이, 지역사회 협력, 교육 등을 지원하는 월마트의 '좋은 사업'은 월마트를 세계에서 가장 존경받는 기업으로 만들었다.

우리나라 기업 또한 예외가 아니다. 최근 SK그룹은 울산 도심에 110만 평의 '울산대공원'을 조성해 울산시에 무상으로 기부했다. 1000억원 정도가 투자된 공원은 뉴욕 센트럴파크보다 약간 넓은 규모로 울산의 명물이 되었다. 계열사와 외주 파트너를 포함해 120여 개의 공장에 1만 5000여 명을 고용하고 있는 삼성광주전자 또한 다양한 지역 공헌 활동을 통해 광주의 연고 기업이라는 인식을 심으려고 애쓰고 있다.

우리나라 기업 중에서 사회 공헌 활동을 비교적 일찍 시작했고, 일정한 성과를 거둔 기업은 포스코이다. 광양제철소 또한 마찬가지이다. 광양제철소는 매년 지역 협력 활동에 30억~40억 원 정도를 지원하고 있다. 또한 지금까지 광양을 포함한 지역사회에 지원한 금액만도 수천억 원에 이른다.

그런데 최근 광양시에서 공장 설립을 반대하는 목소리가 나와 주목된다. 광양제철소가 추진하는 페로니켈(ferronickel) 공장의 설립에 걸림돌이 생겼다. 일부 시민과 환경단체가 약 3500억 원이 투자되고 300명의 새로운 고용이 발생할 공장 건립을 반대하고 있다. 반면에 일부 시민들은 관심조차도 없다.

특정 기업과 공장의 유치에 대한 이해 관계자 집단의 반발은 예외적인 것이 아니다. 하지만 광양이 어떤 도시인가. 제철소 입지로 인구 규모 14만 명의 도시로 성장한 도시이다. 제철소는 작년에 639억 원의 지방세를 납부해 광양시 지방세 수입의 59%를 차지했다. 그래서 광양시는 전라남도에서 재정 자립도가 가장 건실하다. 연관 회사를 포함해 제철소와 관련된 고용 인구는 약 1만 5400명으로, 광양시 경제활동인구의 16%에 해당한다. 부양가족 기준으로, 광양시 인구의 약 35%가 광양제철소와 직간접적으로 관련되어 있다.

그뿐만 아니라 제철소 덕분에 중·고등학교 교과서에 '철강도시'라는 새로운 도시 이미지도 소개됐다. 마을을 지원하고 봉사하는 자매결연 사업은 유수한 기업의 벤치마킹 대상이 됐다. 최근 광양제철소는 세계 제일의 자동차 강판 전문 제철소를 지향하는 비전을 선포해 새로운 도약을 꾀하고 있다. 비전이 달성되면, 효과는 고스란히 지역사회로 되돌아온다.

따라서 제철소가 지역 발전에 미친 효과를 고려하면, 이해 관계자 집단 간 차이가 있다고 해도 대다수 지역 주민들은 제철소 경영 활동에 적극 협조하는 것이 순리이다. 기업 유치를 위해 지방자치단체 간 경쟁이 치열한 오늘날의 추세를 고려하면 더욱 그렇다. 그래야 제철소가 제공하는 고용과 세수 효과를 포함해 지역 협력 활동의 이익을 누릴 수 있고, 지속적인 도시 발전도 꾀할 수 있다.

실제로 그동안 광양제철소는 선량한 기업 시민의 역할을 충실히 한 것이 사실이다. 광양은 물론이고 광주·전라남도에 많은 재정적 지원도 했다. 그래서 제철소는 지역사회에 더욱 섭섭할 것이다. 그렇다면 지역 주민들이 제철소 경영 활동에 비우호적이고 방관자적 태도를 보이는 배경에 대해 진지하게 고민해 보아야 한다. 그리고 그 해답을 제철소 내부에서 찾아볼 필요가 있다.

제철소의 지역 협력 활동이 기업 이익 추구와 기업 이미지 향상을 위한 수단은 아니었는지, 민원 해결을 위한 사후 대응이 아니었는지 되돌아봐야 한다. 지역사회와 주민을 위해 청지기 자세를 취했는지, 우리가 지역을 위해 이렇게 투자를 했는데 무엇이 불만이냐는 시혜적인 입장은 아니었는지 반문해 봐야 한다. 선량한 기업 시민으로서의 책임이 아닌 전략적 차원의 기업 시민 활동은 지역민의 이목을 집중시킬 수는 있지만, 지역민의 마음을 사로잡는 데는 한계가 있기 때문이다.

광양제철소가 없었다면 오늘날의 광양시와 광양컨테이너부두, 광양만권 경제자유구역은 존재하지 않았을 것이다. 제철소가 광양만권 발전과 공업화에 미친 영향은 아무리 강조해도 지나치지 않다. 그러나 제철소를 '우리 기업'이라고 생각하는 사람은 많지 않다. 이것이 기업 시민 광양제철소의 고민이다.

- 광주일보, 2006. 08. 28.

35

기미쓰제철소와 광양제철소

최근 삼성그룹이 8000억 원을 사회에 환원하겠다고 발표한 이후, 천문학적 기금의 운용 방법에 대해 말들이 무성하다. 삼성그룹의 사회 환원은 기부금 출현의 배경과 관계없이, 기업의 사회 공헌에 대한 화두를 제공하고 있다.

기업 역사가 상대적으로 일천한 우리나라의 경우, 기업의 사회봉사와 공헌 활동이 그다지 많지 않다. 그러나 포스코와 한국전력공사를 비롯한 일부 대기업은 선진국의 기업들과 비교해도 손색이 없는 국가 및 사회 공헌 활동에 적극 참여하고 있다. 특히 최근 들어 오랜 역사를 가진 일본 기업보다 우리나라 기업의 사회적 공헌 활동이 눈에 띄게 성장하고 있다.

일본 도쿄 만에 인접해 있는 기미쓰제철소는 지바 현의 기미쓰(君津) 시에 위치해 있다. 일본 최대의 철강회사인 신일본제철 10개의 제철소 중에서 조강 생산이 가장 많은 제철소이다. 1965년에 창업된 기미쓰제철소는 열연과 냉연철판을 비롯해 약 10개의 제품을 생산하는 일명 '다품종 소량 생산' 체제를 유지하고 있는 공장이다.

기미쓰제철소는 외주 작업 인원을 포함해 1만여 명을 고용하고 있다. 광양제철소보다 작은 규모이다. 조강 생산량은 광양제철소의 절반에 해당하는 약 9500만 톤이지만, 일본 최고를 자랑하는 제철소이다.

그런데 필자가 최근 방문했던 기미쓰제철소의 모습은 고철 덩어리나 다름 없었다. 빨갛게 녹슨 공장과 시설들, 흩날리는 쇳가루, 매캐한 냄새 등은 일본 제일의 제철소라는 이미지를 무색하게 만들었다.

게다가 기미쓰제철소가 수행하고 있는 지역사회 협력과 봉사 활동 또한 예외가 아니었다. 주민 초청 견학과 아마추어 야구단을 운영하고 지역 내에서 생산되는 폐조개류를 매입하는 것이 고작이었다. 회사 관계자는 지역사회 협력 활동에 소요되는 재원 규모에 대해서는 무척 말을 아꼈다.

물론 일본의 기업과 지역사회의 관계는 우리나라와 많이 다르다. 도요타, 히타치, 기타큐슈 등과 같이 기업이 주도적으로 도시를 만들고 발전시켰다. 지역 주민을 고용해 공존 공생하는 커뮤니티를 형성하기 때문에, 기업이 특별하게 지역사회를 위한 봉사와 공헌 활동을 해야 할 필요성을 느끼지 않는 것이 일본의 특징이다. 그러나 일본 기업도 최근에는 사회 공헌 활동을 무척 강조하고 있다. 왜냐하면 오늘날 기업 경영의 트렌드이기 때문이다.

『일본은 없다』라는 어느 책의 제목처럼, 신일본제철 최고를 자랑하는 기미쓰제철소에서 인상적인 지역 협력과 공헌 활동을 찾기는 쉽지 않았다. 그렇다면 우리 지역에 입지한 광양제철소는 어떤가?

광양제철소는 매년 200억 원 이상의 돈을 지역사회 협력을 위해 쏟

아붓고 있다. 직원들은 111개의 마을 및 단체와 자매결연을 맺고 다양한 봉사 활동을 하고 있다. 불우 세대에 생활 보조금을 매월 지급하고 있고, 350여 명 학생에게 장학금도 지불한다. 기미쓰제철소와는 비교할 수 없는 규모이다.

광양제철소는 전남드래곤즈 축구단을 운영해 지역민의 스포츠 열기를 제고시키고 있으며, 전남테크노파크를 비롯한 학교와 연구 시설에 연구 기금도 제공하고 있다. 약 300억 원을 투자해 건축된 광양커뮤니티센터는 광양시민의 다목적 열린 공간으로 광양시를 상징하는 랜드마크(land mark) 역할을 하고 있다.

광양제철소의 지역사회 공헌 활동은 여기에 그치지 않는다. 광양제철소는 외주 작업을 포함해 1만 4000여 명을 고용하며, 연관 단지를 포함하면 2만여 명의 직간접 고용을 만들고 있다. 광양 인구의 약 60%가 제철소와 관련되어 있다. 게다가 광양제철소는 매년 약 640억 원의 지방세를 광양시에 납부해 광양시 세수입의 59%를 담당하고 있다.

기미쓰제철소와 광양제철소는 한일 두 나라를 대표하는 제철소이다. 그러나 지역사회 협력과 공헌 활동을 비교해 보면, 한일 간 경제력 차이만큼이나 광양제철소의 활동은 월등했다.

오늘날 기업은 이윤 추구뿐만 아니라 사회적 편익 향상과 사회 발전이라는 책임도 부과받고 있다. 글로벌 스탠더드를 강조하는 최근의 기업 경영에서 기업의 사회봉사 책임은 더욱 강조되는 추세이다.

광양제철소와 같이 사회봉사와 공헌 활동에 관심을 가지는 기업을 많이 가지는 지역은 그렇지 않은 지역과 비교해 어떤 이익이 있을까.

기업 이익의 지역 내 환원으로 주민의 생활 편익은 향상되고 '부자 지역'이 되는 것은 당연한 이치이다.

기미쓰제철소가 아닌 광양제철소가 우리 지역에 있는 것은 행운이다. 기업하기 좋은 환경을 조성해 제2, 제3의 광양제철소를 많이 유치하는 노력을 전개할 이유가 여기에 있다.

- 광주매일, 2006. 02. 27.

36
'광양항 재검토론'에 대한 반론

광양항 개발 계획이 본격적인 시험대에 올랐다. 국무조정실이 '2004 상반기 정부업무평가'에서 컨테이너 물동량 추이, 중국과 일본의 항만 개발 등을 고려해 광양항 개발의 재검토를 제안했기 때문이다.

이런 주장은 이번이 처음은 아니다. 광양항 개발이 시작된 이후, 투 포트 정책의 비효율성, 가덕신항 개발에 따른 광양항의 경쟁력 약화, 동북아시아 항만 환경의 변화 등을 이유로 광양항 개발에 대한 비판이 있었다. 그러나 이번의 문제 제기는 그 성격이 전혀 달라 주목된다. 민간이 아닌, 정부 차원에서 광양항 개발을 비판하고, 경제적 시각에서 접근하고 있다는 점이다.

특히, 해양수산부(이하 '해수부') 입장에서 보면, 국무조정실의 광양항 재검토 의견은 천군만마를 얻은 격이다. 그동안 해수부는 부처이기주의에 사로잡혀 방만하게 항만을 개발했다. 그러나 동북아시아 항만 환경의 변화로 항만 개발에 대한 근본적인 재검토가 필요한 시점에서 '광양항 개발의 재검토'가 권고된 것이다. 따라서 향후 해수부의 항만 정책은 변화를 맞게 될 것이고, 광양항 또한 예외가 아니다.

그렇지만 광양항을 개발한 배경이 무엇인가. 그것은 국토의 균형 발전이다. 정책적 측면을 강조한 다분히 정치 논리에서 출발한 국책 사업이 광양항 개발이다. 그런데 국토 균형 발전도, 낙후된 서남권 경제의 활성화도, 양항 정책도 뿌리내리지 못한 상황에서 광양항을 정치 논리가 아닌 경제 논리로 봐야 한다는 주장은 이해할 수 없다. 그것도 지방 분권과 균형 발전을 정권의 모토로 삼는 참여정부에서 말이다.

경제 논리에 입각해서 광양항 개발을 축소·중지한다면 어떤 일이 벌어질까. 결과는 너무나 뻔하다. 광양항 배후 부지 개발과 율촌1·2산단의 활성화는 요원할 것이고, 광양만경제자유구역청은 차라리 문을 닫는 편이 나을지도 모른다. 부산 정권을 탄생시켜 얻은 것이 뭐냐는 원성과 함께, 전라남도 지역은 성장 동력을 잃고 표류하게 될 것이 불을 보듯 뻔하다. 잘 알고 있는 것과 같이, 참여정부의 이데올로기는 지방 분권과 균형 발전이고, 신행정수도 건설은 이를 실천하는 핵심 과제이다. 그러면 행정수도 건설은 경제 논리에서 출발했는가. 그렇지 않다. 국토 공간의 재편을 위한 정책적 측면과 함께 안정적 정권 유지를 위한 정치적 속성도 강하게 내포하고 있다.

광양항 개발 계획 또한 마찬가지이다. 광양항 개발은 경제 논리보다는 정치 논리, 즉 국토 균형 발전이라는 대명제에서 출발했다. 이는 부인할 수 없는 사실이다. 만약 광양항 개발을 단순히 경제적 비용 편익으로만 평가한다면, 현재 반대 여론이 들끓는 신행정수도 이전 사업을 중단하는 것이 옳을 것이다.

- 광주일보, 2004. 09. 10.

37

광양만권경제자유구역청에 바란다

오늘 광양만권경제자유구역청이 출범한다. 인천, 부산·진해청에 이어 세 번째이다. 광양만권 경제자유구역의 업무를 총괄하는 부서의 개청으로 광양만권은 물론이고 낙후된 서남권도 지역 발전에 필요한 새로운 성장 동력을 가지게 됐다.

경제자유구역이란 외국 기업의 투자를 촉진시키기 위해 조성된 지역으로, 우리에게는 '경제특구'로 잘 알려져 있다. 경제자유구역은 우리나라에서만 도입한 새로운 방식이 아니다. 외국의 자본과 기술을 유치하여 국가와 지역의 경제 발전을 위해 설치·운영되고 있는 경제특구는 세계적으로 약 900여 개에 달하며, 1980년대부터 도입한 중국의 경제특구는 대표적인 성공 사례에 속한다.

우리의 경제자유구역은 우리나라를 동북아시아 비즈니스의 중심 국가로 육성하기 위한 국가 전략에서 비롯됐으며, 외국인 투자 기업을 위한 최적의 경영 환경과 생활 여건을 제공하는 것이 주요 목적이다. 그래서 경제자유구역 개발 계획은 다른 법률에 의한 개발 계획에 우선하며, 외국인 투자 기업에게 각종 혜택을 부여하는 것이 특징이다.

그러나 오늘 출범한 광양만권경제자유구역청의 앞날은 그렇게 밝지 못하다. 왜냐하면 현재의 광양만권이 가진 내·외부적 환경과 여건이 외국 기업의 투자 유치에 불리하며, 인천권 및 부산·진해권과의 경쟁에서 비교 우위성을 확보하기도 힘들기 때문이다.

실제로 광양만권은 수도권과 지리적으로 멀리 떨어져 있어 외국 기업의 투자에 필요한 각종 인프라가 부족하다. 광양항을 제외하면 제조업·금융·비즈니스 관련 외국 기업을 유인할 물리적 인프라가 매우 열악하다. 전문 인력의 확보도 어렵고, 외국 기업에 우호적인 사회적 분위기도 아니다. 반면에 인천권과 부산권에 비해 상대적으로 저렴한 지가, 이미 확보된 넓은 공장 용지, 부지 확보의 용이성, 수려한 해상관광 자원 등은 광양만권이 가진 장점이다.

따라서 광양만권 경제자유구역이 지정된 목적에 부합하기 위해서는 권역의 장점을 살리고 단점을 보완하여 경쟁력을 높여야 한다. 이를 위해서는 중앙정부와 지방자치단체의 역할도 중요하지만, 광양만권경제자유구역청의 역할이 무엇보다도 막중하다. 그러면 어떻게 해야 할 것인가.

첫째는 선도 기업(leading firm)을 유치하는 것이 급선무이다. 물론 열악한 인프라 때문에 쉽지는 않다. 그렇지만 선도 기업이 연착륙에 성공하면, 외국 기업은 광양만권에 관심을 가지게 된다. 이를 위해서는 부지의 무상 임대나 공장 건설과 같은 파격적인 인센티브를 제공해야 한다. 외국의 후발 주자들이 채택한 유인 전략에 적극적인 관심을 가지기를 기대한다.

둘째는 외국 기업에 우호적인 노동 환경을 만드는 일이다. 외국 자본의 유치를 위해서는 경영 활동에 우호적인 노동 시장과 노사 환경이 필수적이다. 외국 자본의 투자 유치에 있어서 전문가들이 지적하는 장애 요인이 노사 환경이며, 특히 광양만권의 경우가 그렇다. 그러므로 지역 주민들과 끊임없는 네트워킹을 통해 국제적으로 용인되는 노동 환경을 만들어야 한다.

셋째는 장기적 관점에서 기업 활동에 유리한 최적의 환경을 만드는 것이다. 기업 활동에 불리한 장애 요인의 폐지는 물론이고, 영어의 상용화를 비롯한 외국인의 생활에 편리한 사회적 환경을 조성해야 한다. 이러한 사회적 인프라는 단시일 내에 만들어지는 것이 아니기 때문에 경제자유구역청의 역할은 더욱 중요하다.

작년 10월에 지정·고시된 광양만권 경제자유구역이 오늘 첫 행보를 시작했다. 문제는 외국인 투자 기업을 위한 최적의 환경을 만드는 것이다. 만약 그렇지 못하면, 인천과 부산권보다도 경쟁력이 낮은 광양만권 경제자유구역의 활성화는 요원한 신기루에 불과할 것이다.

동북아시아 물류·신산업·관광 허브를 위해 긴 항해를 시작한 광양만권경제자유구역청의 순조로운 항해를 기대하며, 뜨거운 격려를 보낸다.

- 광주일보, 2004. 03. 24.

제5부

기업 활동과 지역 발전: 국내외 사례

38

미국 로체스터 시와 코닥사

미국 로체스터(Rochester) 시는 최근 두 가지 이유에서 주목을 받고 있다. 첫째는 세계 최고 기업들의 근거지였던 잘나가던 공업도시가 기업 유출로 인구가 감소하여 재정 위기의 악순환이 반복되는 불량 도시로 전락하고 있기 때문이고, 둘째는 시민들의 자발적인 참여를 통해 도시를 새롭게 만드는 '도시 재생'의 성공 사례로 등장하고 있기 때문이다.

뉴욕 주 북동부에 위치한 로체스터는 인구 20만 명 규모의 중소 도시이다. 로체스터 대도시권은 뉴욕 주에서 두 번째로 큰 지역 경제 규모를 가지고 있고, 인구는 뉴욕, 버팔로에 이어 3위이다. 로체스터대학교(University of Rochester), 이스트먼음악대학(Eastman School of Music), 로체스터공과대학교(Rochester Institute of Technology) 등으로 우리나라에 비교적 잘 알려진 도시이다.

우리나라에 대학도시로 알려진 로체스터는 원래 대학도시가 아닌 공업도시였다. 로체스터는 오대호 중의 하나인 온타리오 호와 인접해 있고, 이리 운하를 통해 뉴욕 허드슨 만까지 연결되기 때문에 1800년대부터 물류 운송과 교통의 중심지였다. 그래서 1850년대를 전후로 크고 작은 기업들이 로체스터로 입지하기 시작했다. 필름의 대명사인 코닥(Kodak), 세계 최고의 복사기 전문 회사 제록스(Xerox), 렌즈와 광학기기 전문회사 바슈롬(Bausch & Lomb) 등이 터를 잡은 도시가 바로 로체스터이다.

또한 로체스터는 1990년대 중반까지 남성복을 만드는 의류 회사가 밀집한 미국 최대의 섬유 산업 중심지였다. Bond Clothing Stores, Fashion Park Clothes, Hickey Freeman, Stein-Bloch & Co. 등의 남성복 의류 회사들이 로체스터에 자리를 잡고 성장했다. 섬유 산업이 1990년대 중반까지 로체스터의 경제를 이끌었다면, 1990년대 중반 이후는 코닥과 제록스가 지역 경제를 주도했다. 하지만 최근 코닥이 침몰하면서 지역사회는 침체의 늪에 빠져들고 있다.

우리에게 '코닥필름'으로 알려진 이스트먼 코닥(Eastman Kodak)은 1880년 사진 기술자인 조지 이스트먼(George Eastman)이 설립한 필름과 카메라 제조 회사이다. "당신은 찍기만 하세요. 나머지는 우리가 합니다."라는 광고로 1888년부터 필름이 내장된 간편한 카메라를 판매하기 시작했다. 카메라로 사진을 찍은 뒤에 카메라를 로체스터로 보내면 인화된 사진과 다른 카메라를 다시 고객에게 보내 주는 새로운 방식으로 사업을 확장시켰다.

컬러 슬라이드 필름의 대명사인 '코닥크롬'도 생산하면서 세계적인 필름 회사가 되었고, 지속적인 기술 혁신으로 1960년대에는 스틸 및 무비 카메라, 1980년대에는 디스크 카메라, 비디오 카메라 등을 출시했다. 당시 코닥은 세계 사진·영상 시장의 약 80%를 차지했다. 사업

영역 또한 임상 진료, 제약, 가정용품 등으로 확대하면서 코닥은 세계적인 기업으로 성장했다.

코닥의 비약적인 성장은 로체스터 도시 성장에 그대로 반영되었다. 코닥사가 설립된 1880년 로체스터 인구는 8만 9366명이었지만, 1950년에는 33만 명으로 증가하면서 뉴욕 주의 3대 도시로 성장했다. 이스트먼이 사후에 전 재산을 기증한 로체스터대학교를 비롯하여 코닥사진박물관, 이스트먼음악대학, 로체스터에서 네 번째로 높은 빌딩인 코닥타워 등 도시 전체는 코닥의 크고 작은 공장과 연구소로 가득 채워졌다. 로체스터 전체 시민의 약 30% 정도가 코닥에 의지해 생계를 유지했다. 로체스터는 '코닥 시'라고 해도 과언이 아니었다.

코닥은 지난 100년 동안 세계 최고의 기업으로서 성공적인 신화를 만들었고, 로체스터를 먹여 살린 실질적인 주인이었다. 하지만 디지털카메라가 등장하면서 매출은 급격히 감소하기 시작했고, 현재의 코닥 주가는 최고치를 기록했던 1997년에 비해 반 토막이 됐다. 회사의 고용 규모는 잘나가던 시절의 15% 수준으로 축소되었다. 2004년에는 다우지수 편입 종목에서도 빠져 버렸다. 1994년 "포천(Fortune)"이 선정한 세계 500대 기업에서 20위를 차지한 기업이 불과 20여 년 사이에 불량 기업으로 전락한 것이다.

100년 동안 세계적인 기업 지위를 누리던 코닥이 침몰한 이유는 시대 변화를 읽지 못하고 제대로 대처하지 못했기 때문이다. 실제로 코닥은 디지털카메라 원천 기술을 보유하고 있었다. 1992년에는 세계 최초로 디지털카메라를 출시하면서 디지털 시대를 선도하기도 했다. 그럼에도 불구하고 디지털카메라보다 기존의 코닥크롬 필름 사업에 치우친 결과 후발 주자들에게 디지털카메라 시장을 빼앗기고 말았다. 이런 이유로 코닥이 침몰하고 있는 것이다.

코닥이 지난 100년 동안 로체스터 도시 성장을 지탱한 버팀목이었지만, 현재는 그렇지 않다. 로체스터의 인구는 순천시보다 적은 20만 7000명(2009년)으로, 1970년 이후 지속적으로 감소하고 있다. 인구 감소의 실질적 주범은 코닥의 고용 축소 때문이다. 2003년 코닥은 로체스터에 있는 공장의 일부를 중국과 멕시코로 이전하면서 약 5,000여 명의 직원을 감원했다. 2009년 1월에도 약 4,000여 명의 직원을 해고했다. 계속된 생산 축소와 감원으로 인해 최근 20년 동안 코닥의 고용 규모는 10분의 1로 줄어들었다. 로체스터에서 가장 높은 빌딩을 가진 제록스 역시 마찬가지다.

코닥이 명성을 잃어 가면서 로체스터에서는 일자리가 줄어들고 있고, 도시는 활력을 잃어 가고 있다. 로체스터 도심에는 폐쇄된 흉물스러운 코닥 공장들이 경관을 크게 해치고 있다. 또한 명문 사학인 로체스터대학교도 예외가 아니다. 코닥장학재단에서 제공하던 장학금이 축소되면서 소수민족 학생들이 유학을 꺼리고 있고, 시의 재정 위기로 인해 대학 예산도 계속 감소하고 있다.

세계적인 기업으로 성장한 코닥, 제록스, 바슈롬 등이 만든 기업도시인 로체스터가 '시민이 만드는 도시'로 바뀌고 있는 역설적인 상황이 최근 나타나고 있다. 인구 감소와 도심 공동화로 심각한 재정 위기에 직면한 시정부가 부족한 재원을 보충하고 기업과 시민들의 자발적인 참여를 이끌어 내기 위해 주민운동(Neighbors Building Neighborhood)을 전개하고 있고 일정 성과를 거두고 있다. 코닥의 침몰이 제공한 씁쓸한 모습이다.

광주 또한 로체스터와 비슷한 상황에 직면할 수 있다. 기아자동차, 삼성광주전자, 광 관련 중소기업, 건설 산업, 그리고 이들 기업과 연관된 계열·하청 기업들이 지역 경제를 지탱하고 있다. 최근 지역의 대표적인 건설 회사인 남양건설, 금강기업 등의 침몰과 삼성광주전자의 내년도 생산 물량 30% 축소 계획 등의 뉴스를 접하면서 광주의 지역 경제를 걱정하지 않을 수 없다.

미국인들이 이주해 거주하기를 선호했던 도시였던 로체스터의 침체는 도시 성장과 지역 경제가 지역 기업의 경쟁력에 의해 좌우된다는 사실을 보여 준 좋은 사례이다. 그러므로 지역에 입지한 기업들의 경쟁력 향상을 위해 지역사회가 무엇을, 어떻게 도와주어야 할 것인가를 고민해 보아야 한다.

- 광주상의, 제368호(2010)

39

삼성중공업과 대우조선해양의 도시, 거제

거제는 제주도에 이어 우리나라에서 두 번째로 큰 섬이다. 해금강, 몽돌해수욕장, 외도해상공원 등은 거제의 대표적인 관광지이다. 매년 많은 관광객이 거제를 찾는다. 하지만 최근 거제가 주목을 받고 있는 것은 조선 산업 호황으로 우리나라에서 최고로 '잘나가는 활력이 넘치는 도시'가 됐기 때문이다.

거제시 땅값은 꾸준히 상승하고 있다. 올해 2월 전국의 지가 변동 자료에 따르면, 거제의 땅값은 작년에 비해 6.14%가 올라 경기도 하남시에 이어 전국에서 두 번째로 상승률이 높았다. 거제는 전국 표준지공시지가(2011년 1월 1일 기준)에서도 전년 대비 6.14%가 상승하여 전국에서 2위를 기록했다.

거제시 집값 또한 마찬가지이다. 부동산뱅크 시세 자료에 따르면, 거제시 수월2지구에 있는 '신현두산위브(112m²)' 평균 매매 가격이 2억 3250만 원에서 작년 12월 2억 5000만 원까지 뛰었다. 국민은행 시세 자료에 따르면, 고현동의 '덕산베스트타운(99m²)' 평균 매매 가격도 2009년 1월 1억 2400만 원에서 2011년 2월 1억 5000만 원으로 올랐다

("한국주택신문", 2월 25일자).

거제 인구도 20년 동안 계속해서 늘어났다. 1991년 인구는 14만 3890명이었지만, 2001년 17만 8960명으로 증가했고, 2010년에는 22만 8355명으로 늘어났다. 인구 증가로 인해 출산율도 폭발적으로 증가했다. 거제의 출산율(2009년)은 1.78명으로 전국 평균 1.15명, 경상남도 평균 1.36명보다 높고, 전국의 시·군·구 중에서 8위이다. 출산율이 높은 이유는 지방자치단체의 출산장려정책 때문이 아니라 전국에서 일자리를 찾아 청장년층이 거제로 이주하여 출산율이 증가했기 때문이다.

거제 주민의 소득도 계속 증가하고 있다. 2001년 1인당 주민 소득이 1만 3572달러였는데, 2006년 2만 9735달러로 늘어났고, 2009년에는 3만 달러를 넘었다. 주민 소득이 증가하면서 시민들의 소비 패턴이 달라졌다. 거제에 입지한 대형마트는 시민들의 높은 소득 수준을 고려하여 비싼 와인 세트를 많이 공급하고 있다("서울경제", 2009년 4월 21일자). 대도시 인근의 대형 할인점에 비교해 매출이 상대적으로 높다고 한다.

이렇듯 거제의 땅값과 집값은 꾸준히 오르고 있다. 인구도 증가하고 있다. 주민 소득과 도시 구매력도 늘어나고 있다. 이런 동인은 세계적인 경쟁력을 가진 삼성중공업과 대우조선해양, 이들 조선소와 연계한 다수의 중소형 조선소와 블록 공장 때문이다. 조선 산업 클러스터가 거제라는 도시에 활력을 불어넣고 있고, 도시를 지속적으로 성장시키고 있다.

거제는 세계 조선 산업의 새로운 메카로 떠오르고 있다. 세계 1위의 현대중공업이 위치한 울산이 우리나라 조선 산업의 메카인 것은 분명하다. 하지만 세계 2위 삼성중공업과 세계 3위의 대우조선해양이 거제에 입지해 있고, 중소형 조선소를 포함해 60여 개의 조선소가 있기 때문에 거제를 조선 산업의 새로운 메카라고 해도 틀리지 않다.

거제에서는 예로부터 어업이 성했고, 해안 지역에서는 양식업이 많이 행해졌다. 거제는 어촌이지만, 인접한 통영항에 항상 밀리는 신세였다. 1971년 거제대교 건설로 육지와 연결되면서 상황은 바뀌었다. 정부의 중화학공업 정책에 힘입어 조선소가 들어서면서 거제는 '상전벽해'가 됐다. 영원한 맞수인 통영을 제치고, 우리나라 최대 조선 산업 클러스터로 부활한 것이다.

거제에 조선소가 건설되기 시작한 것은 정부의 중화학공업 정책 때문이다. 정부는 제3·4차 경제개발 5개년 계획의 '장기조선공업진흥계획'에 따라 거제에 초대형 조선소 건설이 가능한 조선공업단지를 지정했다. 그리고 1973년 10월에 옥포조선소(현 대우조선해양)가, 1974년 4월에 죽도조선소(현 삼성중공업)가 기공식을 가졌다. 대우조선이 1982년 5월에 첫 번째 선박인 화학제품 운반선을 건조하면서, 거제의 조선 산업 역사가 시작되었다.

조선 산업이 거제 지역에 미친 영향은 실로 대단하다. 삼성중공업은 사내 협력사를 포함해 2만 7109명을, 대우조선해양은 2만 6463명을 고용하고 있다(2011년 1월 말 기준). 삼성과 대우의 사외 협력사 직원까지 포함하면, 양대 조선사와 직접 관련된 조선 산업 종사자 수는 5만 8572명이다. 거제시 인구(22만 8460명, 2011년 1월 말 기준) 중에서 조선 산업과 관련된 인구수는 15만 4864명으로, 전체 시민의 67.8%가 조선 산업과 관련된 업종의 종사자이거나 가족들이다. 거제시민 3명 중에서 2명이 조선 산업으로 생계를 유지하고 있는 셈이다.

삼성중공업과 대우조선해양은 510억 원(2010년)의 지방세를 거제시에 납부했다. 양대 조선사 덕분에 거제시 재정 자립도는 매우 높다. 2010년 거제시 재정 자립도는 41.9%로 전국에서 36위를 차지했다. 광역시와 경기도 지방자치단체를 제외하면, 전국에서 7위였다. 그뿐만 아니라 삼성중공업과 대우조선해양에서 지급하는 연간 임금총액(2009년)은 3조 1384억 원이다. 월평균 2615억 원의 인건비가 거제시에 풀린다. 조선 산업이 지역 경제에 미친 영향을 짐작하기에 충분하다.

조선 산업은 종합 조립 산업의 속성을 가지기 때문에 연관 산업에 대한 연계 효과가 매우 크다. 조선 산업은 전방 산업은 물론이고 철강, 기계, 전기, 전자, 화학 등 후방 산업에 미치는 파급 효과가 크다. 새로운 조선소가 생기면 후방 산업과 관련한 기업들이 주변에 많이 입지한다. 조선 산업은 노동 집약적인 특성이 강해 고용 효과가 매우 높다. 예를 들어 선박 건조 공정은 매우 다양하여 많은 인력이 필요하다. 또한 대형 강구조물 제작은 자동화에 한계가 있기 때문에 일정한 규모의 인력 고용이 필수적이다.

거제에는 세계 2위 조선소인 삼성중공업과 세계 3위의 대우조선해양을 비롯하여 58개의 조선 관련 기업이 입지해 있다. 삼성과 대우의 사내 협력 업체까지 포함하면, 약 300개의 사업체가 조선 산업 클러스터를 만들고 있다. 인구가 계속 증가하고, 시민 3명 중에서 2명이 조선 산업으로 생계를 유지하는 것은 관련 산업에 대한 연관 효과가 높고, 많은 인력을 고용하는 조선 산업의 속성이 그대로 반영된 결과이다.

거제는 잘나가는 조선소 덕분에 활력이 넘치는 도시가 됐다. 하지만 거제의 이런 호황이 언제까지 지속될지 알 수 없다. 2000년 일본을 제치고 세계 조선 산업 1위를 차지한 우리나라가 지난 2009년에 중국에 그 자리를 내주었기 때문이다. 그래서 거제는 조선 산업을 활용한 해양 풍력 산업과 풍력발전, 워터프런트 중심의 해양관광 산업을 새로운 성장 동력으로 육성하려는 움직임으로 분주하다. 조선 산업 이후를 고려한 준비이다.

세계적인 경쟁력을 가진 삼성중공업과 대우조선해양이 지역에 튼튼한 뿌리를 내린 덕분에 거제는 활력이 넘치는 도시가 됐다. 거제의 조선 산업 클러스터 사례를 통해 일자리를 만드는 과정에 기업이 얼마나 중요하고, 지역 경제 활성화에 기업이 어떤 영향을 미치는지 되새겨 보아야 한다.

– 광주상의, 제369호(2011)

40

히타치제작소가 만든 기업도시, 히타치 시

기업과 지역사회는 서로 밀접한 관계를 가지고 있다. 기업이 흥하면 기업이 입지한 지역사회도 발전하지만, 반대로 기업이 망하면 지역사회 또한 침체의 늪에 빠진다. 왜냐하면 지역사회는 기업의 생산 활동이 행해지는 실질적인 공간인 동시에 기업의 성장과 발전을 포함한 경영 여건을 결정하는 환경이기 때문이다.

기업과 지역사회의 공존 공생 관계는 기업 이름(社名)에도 반영되어 있다. 일부 기업들은 도시의 이름을 기업 이름으로 그대로 사용한다. 경제지 "포브스(Forbes)"가 선정한 세계 500대 기업(2010년 기준) 중에서 포스코의 전신인 포항제철을 비롯하여 도요타자동차, 히타치그룹, 취리히파이낸셜서비스, 몬트리올은행 등이 대표적이다. 이들 기업 중에서 기업이 지역사회의 번영과 발전을 도모한 대표적인 사례가 히타치그룹과 도요타자동차이다.

히타치그룹은 100년의 기업 역사를 가진 일본을 대표하는 글로벌 기업이다. 사업 영역은 정보통신, 전자 산업, 전력 및 건설 기계, 철도 차량, 디지털 기기 등 매우 다양하다. IBM, GE에 이어 세계 3위 규모를 자랑하는 전기 회사인 히타치는 철도 차량과 원자력 관련 기계 부문에서 독보적인 위치를 차지하고 있다. 특히 히타치그룹의 모기업인 히타치제작소는 오늘날의 '히타치(日立) 시'라는 도시를 탄생시켰다. 일본에서는 기업을 중심으로 만들어진 도시를 기교조카마치(企業城下町)라고 부르는데, 오늘날의 기업도시에 해당한다. 히타치 시는 일본의 기업도시인 기교조카마치의 모델이 되는 도시이다.

히타치 시는 일본 이바라키(茨城) 현 북부에 위치하며 태평양에 면해 있다. 도쿄에서 자동차로 2시간, 기차로 1시간 30분 정도 걸리는 거리에 위치한다. 인구는 19만 2656명(2010년 말 기준)이며, 이바라키 현에서 세 번째로 큰 도시이다. 또한 메이지(明治) 시대부터 광업과 전기·기계 산업을 중심으로 근대 산업이 발달한 일본의 대표적인 공업도시이다. 태평양에 면해 있는 작은 어촌을 세계적인 기업도시로 성장·발전시킨 실질적인 주체는 히타치제작소이다.

히타치제작소의 창립자인 오다이라 나미헤이(小平浪平)는 1874년 도치기(栃木) 현 시모쓰가(下都賀) 군에서 태어났다. 그는 1900년 동경제국대학 전기공학과를 졸업하고 동경전등을 거쳐 1906년 구하라광업 히타치광산에 입사했다. 1908년에 직원 5명과 함께 광산의 전기 설비를 수리하는 공장을 세웠다. 1911년에 수리 공장을 기반으로 전기 설비를 제작하는 히타치제작소를 설립했다. 1920년에는 구하라광업에서 분리·독립한 (주)히타치제작소가 탄생했다. 히타치제작소는 1924년 대형 전기기관차를 생산했고, 1926년에는 선풍기 30대를 미국에 수출했다. 1927년에는 엘리베이터 제조를 시작했고, 냉장고 개발에도 성공했다(김광수경제연구소, 2009). 일본 군국주의는 히타치제작소가 군수 물자를 제작하는 기업으로 호황을 누리게 하는 결정적인 배경이 되었고, 이에 힘입어 경영 범위도 일반 기계, 철도 차량, 전선, 통신 설비 등으로 확대되었다. 히타치제작소는 1944년에 11만여 명을 거느린 일본 최대의 종합 전기 회사로 성장했다.

제2차 세계 대전의 패전은 히타치제작소 기업 활동을 크게 위축시켰다. 많은 공장들이 폭격 피해를 받았고, 생산은 축소되었다. 그렇지만 전후 일본 경제가 회복되면서 히타치제작소도 회생하였다. 1961년 전자동세탁기, 1964년 철도예약시스템 개발 등 지속적인 기술 혁신을 통해 '기술의 히타치'라는 별칭을 얻었고, 도시바, 미쓰비시전기와 함께 일본을 대표하는 중전기 제조업체가 되었을 뿐만 아니라 일본을 대표하는 중전기·정보 통신 부문의 글로벌 기업으로 인정받고 있다.

히타치제작소의 성장은 기업이 입지한 도시 발전에 그대로 투영되었다. 히타치 지역에는 금, 은, 구리, 황화철, 석회석 등의 지하자원이 많이 매장되어 메이지 시대부터 광업이 발달했고, 히타치 광산이 중심적인 역할을 수행했다. 광산 주변에는 근로자가 거주하는 광산 취락이 만들어졌다. 1930년대에 히타치제작소가 광산 주변의 내륙이 아닌 해안 지역에 대규모 공장을 신설하고, 근로자 숙소 건설을 위한 택지 개발이 행해지면서 해안 지역을 중심으로 도시가 형성되었다.

히타치제작소의 사업 확대는 히타치 지역의 인구 증가에 결정적인 영향을 미쳤다. 히타치제작소가 설립된 1911년 히타치의 인구는 3,500여 명에 불과했지만, 1921년 2만여 명으로, 1930년 4만 2000여 명으로 증가했고, 1940년에는 8만 2000여 명으로 크게 늘어났다. 특히 1935년 이후 히타치제작소 종업원이 크게 늘어나고 도시 인구가 증가함에 따라 대규모 택지 개발과 토지 구역 정비 사업이 행해지면서 해안 지역은 근대적인 도시 모습을 갖추기 시작했다. 제2차 세계 대전 이후에도 히타치의 인구는 지속적으로 증가했다. 1950년 5만 6066명에서 1955년 13만 1011명, 1965년 17만 9703명, 1975년 20만 2393명, 1985년 20만 6074명으로 꾸준히 성장했다. 하지만 1985년을 정점으로 인구 증가가 둔화되어, 1995년 19만 3353명, 2010년 19만 2656명으로 감소하는 경향을 보였다.

히타치제작소 및 관련 공장은 지역 경제에서 중요한 역할을 했다. 실제로 경제활동인구 중에서 제조업 고용 비율은 1970년 50.7%, 1980년 43.7%였고, 2005년에는 29.9%로 비슷한 인구 규모의 일본 중소도시에 비해 매우 높다. 이는 히타치제작소 및 관련 공장 때문이었다. 특히 히타치제작소, 히타치화학, 히타치 관련 계열 공장의 종사자는 약 2만 8000여 명에 이른다. 히타치 관련 공장이 도시 인구의 약 50%를 부양하고 있는 셈이다. 히타치제작소가 히타치에 둥지를 틀지 않았다면, 인구 20만 명을 가진 오늘날의 히타치 시는 지구 상에 존재하지 않았을 것이 분명하다.

히타치그룹이 만든 기업도시답게 히타치 시에는 히타치제작소를 핵심으로 기계·전기·금속 관련 업종의 중소기업이 산업 클러스터를 형성하고 있다. 이바라키대학공동개발센터, 이바라키현히타치산업기술전문학원, (주)히타치제작소히타치공업전수학교, 히타치제작소종합교육센터 등이 지역 산업에 필요한 인재를 지속적으로 공급하고 있다.

하지만 요즘 히타치 시의 지역 경제는 1980년대에 비해 많이 침체되었다. 히타치 관련 공장이 생산 라인을 축소하거나 사업 변경으로 생산 라인을 국내외 다른 지역으로 이전했기 때문이다. 실제로 히타치 관련 기업의 경영이 약화되면서 세수가 줄어들어 도시 재정이 압박을 받고 있다. 2005년에는 경제 호황이었던 1989년에 비해 70%가 감소한 210억 원에 불과한 재정 수입을 기록하기도 했다.

최근 세수 감소로 도시 재정에 어려움이 있지만, 히타치 시는 히타치 제작소 덕분에 100년의 역사를 가진 도시로 성장했다. 히타치 시는 여전히 도요타 시와 함께 일본을 대표하는 기업도시로 평가받고 있다. 히타치라는 기업도시를 만든 히타치제작소와 같이, 히타치를 글로벌 기업으로 만든 히타치 시와 같이, 광주·전라남도 지역에서도 기업과 지역사회가 공존 공생하는 모델이 만들어지길 기대한다.

— 광주상의, 제370호(2011)

41

현대제철이 만든 새로운 철강 공업의 중심지, 당진

충청남도 당진군은 수도권을 제외한 서해안 지역 중에서 가장 활력이 넘치는 곳이다. 서해대교 개통, 2004년 현대제철의 한보철강 인수, 당진항의 시설 확충 등으로 수도권에 위치한 기업들이 당진군으로 이전해 오기 때문이다. 지역 경제가 기업도시형으로 바뀌면서 당진군은 많은 뉴스를 쏟아 내고 있다.

지난 9월 16일 당진군 석문면사무소에서 8,000번째로 전입하는 주민에 대한 환영식이 열렸다. 경상남도 김해시 어방동에서 석문면 통정리로 전입한 최지윤(24세) 씨가 주인공이었다. 면사무소 직원들은 전입 주민에게 꽃다발과 생활용품 지원 상품권, 석문면의 특산물인 햅쌀을 전달했다. 석문면의 인구는 외부로부터의 꾸준한 전입에 힘입어 작년 12월에 비해 약 140여 명이 증가했다(www.cnews041.com). 신규 기업체 입주가 인구 증가를 유발한 결과이다.

9월 17일에는 당진군의 신청사 개청식이 열렸다. 당진군이 내년 1월에 시로 승격하기 때문에 새로운 청사를 건립한 것이다. 기념식에서 이철환 군수는 "당진은 서해선 철도망이 완비되는 2020년이면 중부권 산업 거점 도시로 부상할 것이며, 2030년부터는 주거와 환경, 산업과 항만, 농업과 농촌이 조화롭게 발전하는 50만 자족 도시로 도약하게 될 것"이라고 밝혔다("연합뉴스", 2011년 9월 17일자).

당진군은 9월 19일 전국에서 최초로 기업의 지역 사랑 실천을 위한 '지식나눔 봉사단'의 발대식을 가졌다. 봉사단은 초등학생들을 대상으로 주 1회 또는 월 1회에 걸쳐 과학체험교실을 비롯한 다양한 교육 활동을 펼친다. 봉사단에는 지역에 입지한 현대제철, 동부제철, 현대이스코, JW중외제약, 당진화력, 대한전선, 동국제강, GS EPS, 선진정공 등 9개 기업에서 120여 명의 직원이 참여하고 있다(www.cnews041.com).

국토해양부(현 국토교통부) 자료에 의하면, 2010년도 평택·당진항의 전체 물동량은 7660만 톤으로 전년도에 비해 49% 늘어나 전국의 무역항 중에서 최고의 증가율을 기록했다. 당진항의 경우, 3676만 톤으로 전년 대비 62.8%가 증가했다. 당진항의 물동량 증가는 현대제철 고로 1·2기와 동부제철 전기로 가동으로 인한 대규모 원료 수입, 수도권 제조업체의 당진군 이전으로 인한 항만 이용 물동량 증가 등이 중요한 요인으로 작용했기 때문이다.

하지만 당진군이 전국적인 뉴스를 제공하는 일명 '잘나가는' 지역이 된 것은 비교적 최근이다. 아산만에 면해 있는 당진군은 낮은 구릉과 넓은 평야 지대의 발달로 예로부터 농업이 발달하였고, 지역을 대표하는 특산물도 많지 않아 전국적으로 잘 알려져 있지 않았다. 이른바 '한보 사태'로 알려진 1997년 한보철강의 부도로 당진군이 뉴스의 화제가 되기도 했지만, 이내 잠잠해졌다. 그리고 2004년 현대제철이 한보철강을 인수하면서 당진군은 다시 뉴스거리를 양산하고 있다.

　현대제철이 일관제철소를 건설하면서 당진군은 지역 발전의 새로운 도약기를 맞고 있다. 대표적인 증거는 인구 증가이다. 한보철강이 부도를 낸 1997년 당진군 인구는 12만 5000명이었다. 하지만 한보철강 부도로 지역 인구는 매년 2000명 내외씩 감소했고, 이런 경향은 2003년까지 지속됐다. 그러나 현대제철이 한보철강을 인수한 2004년 이후 지역 인구는 꾸준히 증가하고 있다. 2003년 11만 6447명에서, 2005년 12만 483명, 2007년 13만 6254명, 2010년 14만 4903명, 2011년 6월 현재 14만 7308명(6만 3160세대)으로 증가했다. 최근 8년 동안 매년 3,000 ~6,000명 정도가 증가한 셈이다. 인구 유출이 심화되고 있는 충청남도의 다른 지방자치단체와 달리 전입 인구 증가로 인구가 꾸준히 성장하고 있는 당진읍(5만 1831명), 송악읍(2만 2792명), 신평면(1만 5279명), 합덕읍(1만 788명) 등은 부러움의 대상이 되고 있다.

　기업체의 증가 또한 마찬가지다. 2000년 이후 약 1,000여 개의 기업체가 지역 내로 이전했는데, 수도권에 소재한 기업들이 많이 이전해 왔다. 기업 이전 현황을 보면, 2005년에 107개의 기업이 이전했고, 2006년 105개, 2007년 270개, 2008년 160개, 2009년 194개 등이 신규로 유치되었다. 최근 6년 동안 매년 150여 개의 기업이 들어선 셈이다. 현대제철로 대표되는 철강 산업 클러스터가 조성되면서 관련 업체들이 이전한 결과이다("매일경제", 2011월 7월 14일자).

　인구 증가는 도시적 서비스 시설의 증가로 이어지는 지역 승수 효과의 일반적인 현상도 나타나고 있다. 2004년 이후 요식업소 증가 추이를 보면, 2004년 2,095개소에서 2005년 2,244개, 2006년 2,404개, 2007년 2,550개, 2008년 2,736개, 2009년 2,901개로 누적적인 증가 패턴을 보였다. 특히 요식업소 증가는 2006년부터 시작된 일관제철소 착공과 관련이 깊다. 총 6조 2300억 원이 투입된 일관제철소 건설에는 일일 최대 1만 600명이 투입됐고, 연인원은 700만 명에 달했다. 건설 관련 고용 유발이 요식업소 증가로 전이되었기 때문이다.

인구와 기업체 증가는 세수 증가로 이어졌다. 지방세 세수 추이를 보면, 2004년 272억 8100만 원에서 2005년 324억 6600만 원, 2006년 423억 1200만 원, 2007년 513억 8600만 원, 2008년 643억 100만 원, 2009년 803억 1000만 원으로 지속적인 증가를 나타냈다. 실례로 당진군의 2011년도 정기분 주민세는 5억 5400만 원이 부과됐는데, 이는 전년에 비해 8% 증가한 금액이다. 7월에 부과된 재산세도 127억 5700만 원으로 작년에 비해 13.1% 늘어났다. 재산세 고액 납세 법인으로는 현대제철(23억 5300만 원), 한국동서발전(5억 2300만 원), 동부제철(3억 4800만 원), 현대하이스코(1억 8700만 원) 등으로 밝혀졌다. 철강공업이 지역 경제의 버팀목이라는 사실을 말해 준다.

1997년 한보철강의 부도로 수렁에 빠진 당진군 지역 경제에 새로운 활력을 불어넣은 천사는 다름 아닌 '현대제철'이라는 기업이었다. 당진에는 현재 현대제철, 동부제철, 동국제강 등의 공장이 입지해 있다. 그뿐만 아니라 당진은 최근 10년 동안 1,000여 개의 기업이 새롭게 둥지를 튼 기업도시가 됐다. 현대제철의 일관제철소 건설로 철강 관련 중소기업이 지속적으로 늘어나면서 지역 상권도 되살아났다. 서울 강남에 위치한 성형외과가 당진에 분원을 개설하기도 했다.

당진이 서해안에서 새로운 기업도시로 부상하고 있는 주요 배경은 기업 유치 때문이다. 수도권으로부터 기업체가 이전하지 않았다면 당진의 인구 증가, 세수 증가, 지역 상권 활성화는 요원했을 것이다. 전후방 연계 효과가 높은 현대제철이 이를 가능하게 만든 것이다. 인접한 석문국가산업단지와 고대·부곡국가공단, 당진항, 평택항 등으로 이어지는 황해경제자유구역이 활성화되면, 당진은 철강 공업의 메카인 포항을 추월하여 향후 우리나라 철강 공업의 새로운 중심지 역할을 수행할 것이 분명하다. 현대제철이 있기에 가능한 시나리오이다.

현대하이스코는 지난 9월 23일 당진군 송산면 일대의 12만 평에 연산 150만 톤 규모의 제2냉연공장 착공식을 가졌다. 약 9220억 원의 건설비가 투자되는 대규모 사업이다. 전라남도 율촌산단에 있는 순천공장(연산 180만 톤)이 아니고 당진에 투자를 해서 아쉽다. 당진군은 기업 유치와 기업체 활동이 지역 경제의 성장과 활성화에 어떤 영향을 미치는지를 분명하게 보여 주는 좋은 사례이다.

– 광주상의, 제371호(2011)

42

전자도시 구미의 기업사랑운동과 지역 경제

지역에서 일자리를 만드는 중요한 경제 주체는 기업이다. 그래서 대부분의 지방자치단체들은 기업 유치에 심혈을 기울이고 있다. 저렴한 공장 부지 제공, 공장 설립을 까다롭게 하는 각종 규제 완화, 기업 투자를 유인하기 위한 금융과 세제 지원, 기업 활동을 지원하기 위한 종합 비지니스센터 설치, 지역 주민들의 기업사랑운동 전개 등이 기업 유치를 위한 단골 메뉴에 해당한다.

기업 유치를 위한 다양한 전략 중에서 '기업사랑운동'이란 기업하기에 좋은 사회적 환경을 조성하는 지역사회의 활동을 말한다. 지역사회는 기업 활동에 유리한 사회적·제도적 여건을 기업에게 제공하고, 주민들은 지역 기업에 우호적인 마인드를 갖고 지역 기업을 사랑하며 지역 기업이 생산한 제품을 구매하는 사회적 분위기를 만드는 것이 기업사랑운동의 대표적인 특징이다.

구미시민의 기업사랑운동을 소개한 "중앙일보"의 최근 사설은 인상적이다. 기업사랑운동이 기업 유치와 일자리 창출에 긍정적인 효과를 거둔 구미의 사례는 기업 유치에 관심이 많은 지방자치단체에 중요한 시사점을 제공한다. '구미의 성공을 배우자'라는 제목의 사설 일부를 소개하면 다음과 같다.

"구미시는 2005년 큰 위기를 맞았다. 수도권 규제 완화로 LG필립스LCD가 대형 LCD 조립라인을 경기도 파주로 옮긴 것이다. …… 구미시민들은 2006년부터 똘똘 뭉쳤다. 위기를 기회로 반전시킨 것이다. 구미에 남은 소형 LCD 라인을 응원하기 위해 자발적으로 'LG 주식 한 주 갖기 운동'을 벌여 20만 7747주(66억 원 상당)를 샀다. …… LG는 구미에 1조 3000억 원을 투입해 6세대 LCD 라인을 세우는 것으로 보답했다. …… 구미가 엄청난 특혜를 제공한 것은 아니다. 오히려 작은 마음 씀씀이가 큰 감동을 불렀다."
("중앙일보", 2012년 3월 2일자)

구미는 전자산업으로 특화된 우리나라의 대표적인 기업도시이다. 구미는 경상북도 내륙에 위치한 전형적인 농촌이었다. 하지만 1970년대 초 수출주도형 정부 정책에 힘입어 국가산업단지가 조성되면서 우리나라 최대의 전자산업도시로 탈바꿈했다. 구미에는 4개 단지로 구성된 국가산단(24.4km²)이 있고, 조만간 제5단지(9.34km²)도 조성할 계획이다. 국가산단과 인근의 농공단지에는 현재 2,375개의 기업체가 입지해 있고, 9만 3000여 명의 근로자가 일하고 있다. 이들 기업의 82%는 전기전자 관련 업종이다. 반도체, 휴대전화, LCD, TV, 브라운관, 정보통신기기 등을 생산하는 기업들이 클러스터를 구축하고 있다. 2011년 지역총생산은 대략 75조 원 정도였고, 수출액도 335억 달러에 달했다. 우리나라 수출액의 약 6% 정도를 구미 지역이 차지했다.

구미 지역 인구는 1978년 시로 승격된 이후 꾸준히 증가했다. 구미시 인구는 1981년 11만 4000명에서 1991년 18만 7000명, 2001년 34만 8000명으로 늘어났고, 2011년 12월 말 현재 413,446명으로 우리나라 25위권 도시로 성장했다. 이런 인구 성장은 구미산단에 입주하는 기업체가 지속적으로 증가한 결과이다. 제조업에 종사하는 청년층의 인구 유입으로 구미 지역 인구의 평균 연령은 34세로 낮아졌고, 30대 이하가 전체 인구의 62% 정도를 차지하는 젊은 도시가 됐다. 전체 인구에서 청장년층의 비율이 상대적으로 많은 기업도시의 인구학적 특성이 구미 지역에도 그대로 나타나고 있다.

구미 지역의 전자산업과 지역 경제를 선도하는 기업군은 삼성과 LG 그룹 계열사들이다. 국가산단에 입지한 삼성그룹 계열사에는 삼성전자, 삼성텔레스, 제일모직, 삼성코닝정밀소재, 삼성광통신 등이다. 휴대전화를 생산하는 삼성전자 구미사업장은 지역 경제에 결정적인 기여를 하고 있다. 2011년 30조 원의 매출액을 기록한 삼성전자 구미사업장은 407억 원의 지방세를 납부해 구미시 전체 지방세(2433억 원)의 17%를 차지했다. 게다가 현재 1만여 명의 일자리도 만들고 있다.

LG 계열사도 지역 경제에 크게 기여하고 있다. 1975년 LG의 전신인 금성사가 국가산단에 입주하면서 LG와 구미의 인연은 시작됐다. 구미 지역에는 LG전자, LG디스플레이, LG실트론, 루셈, LG이노텍 등이 입지해 있다. LG 계열사들은 현재 2만 5000여 명의 근로자를 고용하고 있다. 구미 인구의 10만 명이 LG 계열사와 직접 관련된 셈이다. 특히 1995년에 입주한 LG디스플레이는 지금까지 14조 원을 투자했고, 1만 7000여 명을 고용한 구미 지역 최대의 기업체로 자리매김했다. 2010년에는 148억 원의 지방세도 납부했다("매일신문", 2012년 2월 2일자).

구미 지역의 기업사랑운동은 향토 기업이나 다름없는 LG 살리기에서 기인한다. LG필립스LCD의 파주공장 건설에 따른 구미공장의 축소를 우려한 '수도권 공장규제완화 반대 범시민 대책위원회'가 중심이되어 LG 계열사 정문과 담벼락에 "사랑해요 LG"라는 현수막을 내걸면서 2005년 11월부터 기업사랑운동을 시작했다. 시민단체들도 기업사랑운동에 동참했다. 구미 경제정의실천시민연합(이하 '경실련')은 LG 계열사 제품구매운동을 펼쳤다. 일부 시민단체들은 구미산단에 입주한기업체를 사랑하자는 취지에서 "사랑해요 LG·삼성", "고마워요 LG·삼성"이라고 쓴 '노란 손수건'을 공단 주변 도로에 매달았다. 학생과시민들도 구미공단에 입주한 기업체와 근로자들에게 감사편지 보내기운동에 참여했다.

2007년에는 기업사랑운동이 'LG디스플레이 주식 1주 갖기 범시민운동'으로 확대됐다. 구미시민들은 66억 원에 해당하는 20만 7000여주를 매입하여 LG디스플레이의 회생에 중요한 동력을 제공했다. 구미경실련의 제안으로 구미시학교운영위원장연합회, 구미시어린이집연합회, 구미시여성단체협의회, 구미회, 인동을사랑하는사람들의모임 등6개 단체는 2010년 8월에 'LG 구미공단 7,300명 고용창출, 1만 통 감사엽서보내기 시민운동'을 전개했다("경북인터넷뉴스", 2010년 8월 24일자).

구미시 또한 지역 기업에서 생산된 제품을 애용하기 위한 시민캠페인인 '구미당김운동'을 2009년부터 펼치고 있다.

시민들의 기업사랑운동은 지역 경제 활성화로 나타났다. LG 계열사는 2009년부터 구미산단에 투자를 확대했다. 2009년 1조 5000억 원, 2010년 1조 9000억 원, 2011년 1조 5000억 원 등 최근 4년 동안 5조 1700억 원을 구미 지역에 투자했다. 천문학적 투자로 구미 지역에는 1만 4000여 명의 일자리가 새롭게 만들어졌고, 이는 구미 지역 인구 증가로 나타났다. 실제로 2011년 구미 지역 인구는 전년에 비해 1만 1000명이 늘었다. 대기업의 투자 확대와 새로운 기업 유치로 인해 외부로부터 전입 인구가 증가했기 때문이다. 현재 계획 중인 제5단지가 예정대로 조성되면, 구미는 50만 명의 도시로 성장할 것이 분명하다.

특정 지역에 입지한 기업이나 공장이 다른 지역으로 이전하거나 생산 규모를 축소하는 사례는 많다. 기업하기 좋은 국내의 다른 도시나 저렴한 임금과 안정된 노사 환경을 가진 외국으로 떠나는 기업을 붙잡는 데 실패한 도시들 또한 부지기수이다. 하지만 구미시민들은 자발적인 기업사랑운동을 벌여 떠나려는 기업을 붙잡는 데 성공했고, 지역 기업이 지역 내 투자를 확대하게 하는 중요한 모멘텀을 제공했다. 구미시민들이 펼친 기업사랑운동은 기업 유치와 일자리 창출의 성공 사례라고 해도 틀리지 않다.

기업은 일자리를 제공하는 중요한 경제주체이다. 지역에서 일자리를 많이 만들기 위해서는 기업 활동에 필요한 산업적 인프라의 확충은 물론이고, '기업하기에 좋고 기업하기에 유리한' 사회적·문화적 환경을 제공하는 것이 중요하다. 구미시의 기업사랑운동이 좋은 사례이기 때문이다. 우리 지역에서도 낙후된 사회간접자본만 탓할 게 아니라 지역 사회의 친기업적인 마인드를 확산시키는 기업사랑운동을 적극 전개할 필요가 있다.

– 광주상의, 제372호(2012)

43

포스코 광양제철소가 만든 기업도시, 광양

지역의 인구 증가는 해당 지역의 경제활동과 일자리 상황을 파악할 수 있는 중요한 지표 중의 하나이다. 특히 외부 지역으로부터 전입하는 인구로 지역 인구가 증가하는 경우는 더욱 그렇다. 전입 인구의 증가는 전입하는 지역에 일자리가 많다는 증거이기 때문이다. 일자리를 만드는 주체는 기업이기 때문에 기업 활동이 활발한 지역에서는 전입 인구가 꾸준히 증가하여 인구가 늘어나는 것이 일반적인 특징이다.

인구가 지속적으로 감소하는 전라남도 지역에서 1981년 이후 인구가 계속 증가하는 도시가 있다. 15만 명의 도시로 성장한 광양시이다. 전남발전연구원이 2011년 5월에 발간한 「전남 도시경쟁력 평가 및 강화 방안」 정책보고서에 따르면, 전라남도의 목포, 여수, 순천, 광양, 나주 등 5개 도시 중에서 시장 규모·경제성장·고용·생산성 등의 경제적 기반 경쟁력에서 광양시가 가장 좋은 것으로 분석되었다. 광양시는 양호한 경제적 인프라를 확보하고 있기 때문에 지역 내에 입지한 기업 활동이 활발하면 향후에도 지역 인구가 꾸준히 증가할 것으로 예상된다.

1981년 광양 인구는 78,478명으로 전라남도의 시·군 중에서 구례군과 곡성군 다음으로 최하위 수준이었다. 농업과 어업에 의존하는 전형적인 농어촌 지역이었다. 관선 군수가 임명되던 시절에 광양군수는 대부분 초급 사무관이 발령을 받을 정도로 군세가 열악했다. 하지만 광양시는 우리나라 도시 순위 58위(2010년 기준)로 성장하였다. 지역 경제는 농어업에서 제조업으로 전환되었고, 전라남도 22개 시·군 중에서 가장 잘사는 도시가 되었다. 광양시를 인구 15만 명의 도시로, 전라남도에서 가장 우수한 경제적 인프라를 갖춘 도시로 만든 결정적인 동인은 포스코 광양제철소이다.

광양시는 광양제철소가 만든 전형적인 기업도시에 해당한다. 광양시 도시 성장의 역사는 광양제철소 입지 선정에서 시작된다. 정부는 1970년대 중반부터 제2제철소 건설 필요성을 인식하였다. 여러 작업을 거쳐서 당초에는 제2제철소 건설 후보지로 광양만이 아닌 충청남도 아산만이 검토되었다. 하지만 1981년 11월 광양군 골약면 금호도 일대가 제2제철소 건설 대상지로 최종 확정되었다. 지역 균형 발전이라는 대의명분과 광양만이 가진 천혜의 항만 조건이 입지 선정에 중요한 영향을 미친 결과이다.

전형적인 어촌 지역인 금호도 일대가 제철소 건설 부지로 확정되면서 광양의 대역사가 시작되었다. 1983년 2월 광양제철소 부지 준설공사가 시작되었고, 1985년 3월에는 생산 규모 270만 톤의 광양제철소 제1기 설비공사가 착공되었다. 1987년 5월에는 대형고로, 제강공장, 연속주조공장, 열연공장, 항만하역시설을 갖춘 광양제철소 제1기 종합 준공식(조강생산 1180만 톤)이 행해졌고, 명실상부한 종합제철소가 탄생했다. 제철소는 지속적으로 설비를 확장하여 1999년 3월에는 제5고로 준공으로 조강생산 2800만 톤 규모의 세계적인 제철소가 되었다. 2006년 6월에는 6CGL(용융아연도금라인) 준공으로 자동차 강판 605만 톤을 생산하는 시설을 구축하였다. 또한 2011년 3월에는 연산 200만 톤 규모의 후판공장도 준공하였다.

광양제철소 건설과 세계적인 규모의 생산 시설은 광양시의 일자리와 지역 경제, 지역의 산업구조를 획기적으로 바꾸어 놓았다. 광양시 인구는 광양제철소와 연관 기업이 만들어 낸 일자리 덕분에 1981년 이후 지속적으로 증가하였다. 광양시 인구는 1981년 78,478명에서 1991년 126,680명으로 증가하였다. 2001년에는 138,468명으로 늘어났고, 2011년에는 150,725명이 되었다. 그리고 2012년 3월말 현재 광양시의 인구는 152,294명이다. 1980년대와 1990년대에 걸쳐서 다른 지방의 중소도시나 농촌 지역에 비해 크게 증가한 것은 전입 인구에 의한 사회적 증가에 기인한다. 광양제철소와 관련 기업이 일자리를 꾸준히 제공한 덕분이다.

실제로 광양제철소에서 일하는 근로자는 6,254명이다. 외주 파트너사의 고용(8,122명)을 합치면, 광양제철소가 만들어 낸 실직적인 고용은 14,376명(2011년 12월 기준)이다. 이는 광양시 경제활동인구의 15%를 차지하며, 광양시 인구의 25.8%가 광양제철소와 직접 관련된다. 또한 제철소의 영향으로 태인산단, 초남산단, 장내산단, 신금산단, 명당산단 등이 새롭게 조성되었고, 관련 기업들이 입주해 있다. 제철소와 전후방 연계를 가진 기업과 공장의 간접 고용 효과를 고려하면, 광양시 인구의

60%가 광양제철소와 직간접으로 관련되어 있다고 추정할 수 있다. 즉 인구의 60%가 제철소에 의해 생계를 유지하고 있는 셈이다.

광양시 재정 자립도(2011년)는 39.5%로 전라남도에서 가장 잘사는 도시이다. 일반회계 예산 대비 지방세, 세외수입, 지방교부세, 재정보전금 합산액 비율로 나타내는 재정자주도 역시 광양시가 68.1%로 전라남도에서 가장 높다. 이러한 결과 역시 광양제철소 덕분이다. 2004년 광양제철소는 434억 원의 지방세를 납부했고, 2008년에는 590억 원, 2011년에는 542억 원을 납부했다. 기업의 순이익에 따라 지방세 납부액에 약간의 차이가 있지만, 광양제철소는 광양시 지방세 납부액의 50% 정도를 차지한다. 곡성군의 자체 수입 190억 원(2011년)과 비교하면 광양시가 얼마나 부자도시인가를 실감할 수 있다.

광양제철소는 기업 이익을 사회에 환원하는 지역협력사업을 통해 광양시의 사회·문화적 시설과 환경을 크게 개선시켰다. 1999년에 298억 원의 건축비가 소요된 광양커뮤니티센터, 장애인 직업재활센터, 도심 육교 건설, 태인동 환경 개선 등이 대표적인 사례이다. 제철소가 지급하는 포스코 장학금은 광양 지역 학생들의 학력(學力) 향상에 크게 기여했다. 또한 2008년부터 광양 지역에서만 사용이 가능한 '광양사랑 상품권 카드(13억 5000만 원)'를 구입하여 광양시 경제 활성화를 꾀하고 있다. 자매마을과 농협을 통한 지역 특산물 구입으로 지역 농가를 돕고 있다. 전라남도 유일의 프로축구단인 '전남드래곤즈'도 광양제철소의 산물이다. 제철소는 축구단에 매년 110억 원 정도를 지원하고 있다.

1981년 광양제철소 건설 대상지로 광양만 금호도 일대가 선정되면서 광양시는 천지개벽, 상전벽해의 도시가 되었다. 대부분의 사람들은 광양시를 한반도에서 매화꽃이 가장 먼저 개화하는 도시보다도 '철강도시'로 인식하고 있다. 초·중학교 교과서에 광양시는 항만과 철강도시로 소개되어 있다. 광양제철소는 광양시의 변화와 발전을 선도한 성장 동력이었다. 일자리를 비롯하여 재정 수입, 도시의 홍보 효과, 사회문화적 인프라 확충, 다양한 지역사회 봉사 활동 등 광양제철소가 지역발전에 미친 영향은 실로 대단하다.

만약 광양제철소가 다른 지역에 건설되었다면, 현재의 광양은 어떤 모습일까? 인접한 구례군과 하동군이 좋은 모델이다. 인구는 4만 명 내외로 줄었을 것이다. 광양만권경제자유구역청은 물론이고 국내 최대 현수교를 자랑하는 이순신대교도 존재하지 않았을 것이다. 매화꽃이 일찍 피는 섬진강 변의 작은 농촌 지역으로 알려져 있을지도 모른다. 하지만 광양제철소의 건설과 입지로 광양시는 울산, 구미, 거제 등과 함께 우리나라를 대표하는 기업도시로 성장하였다. 15만 명의 인구를 자랑하는 철강과 물류도시로 재탄생하였다.

광주·전라남도 지역에 제2, 제3의 광양제철소가 만들어진다면, 일자리가 만들어져 지역 인구는 유출되지 않고 꾸준히 증가할 것이다. 우리 지역의 산업적 인프라는 그렇게 나쁘지 않다. 문제는 기업 활동에 유리한 사회적 환경을 조성하는 것이다. 새로운 기업도시 탄생을 위해 지역사회와 지역 주민이 어떻게 해야 할지 고민해 보아야 한다.

– 광주상의, 제373호(2012)

44

군사·접경도시에서 LCD 메카로 부상하는 파주

경기도와 강원도의 접경 지역은 경제활동이 활발하지 못하다. 접경 지역은 휴전선과 가까워 개발이 제한되기 때문에 기업들이 투자를 회피해 일자리가 부족하고 지역 경제가 낙후되었다. 하지만 예외가 있다. 경기도 최북단 군사도시로 알려진 파주시이다. 임진강을 끼고 있는 파주는 수도권에 위치한 많은 기업들이 이전해 오면서 최근 제조업 도시로, LCD 관련 산업의 중심 도시로 부상하고 있다.

파주시는 휴전선과 접하고 있는 군사도시이고, '개성공단과 가까운 접경도시'이다. 한국전쟁 당시 피해가 가장 컸던 지역이기도 하다. 파주시는 1996년 파주군에서 도농복합도시로 승격되었다. 면적은 672.64km²로 광주시보다 1.3배나 넓으며, 인구는 397,061명(2012년 8월 현재)이다. 파주시는 임진각, 제3땅굴, 판문점, 도라산역 등이 있는 도시로 우리에게 잘 알려져 있다. 전쟁의 아픔과 평화의 중요성을 체험하려는 중·고등학생들이 수학여행으로 자주 방문하는 곳이다. 하지만 접경도시인 파주가 빠르게 변하고 있다. 농업 중심의 접경도시에서 제조업 중심 도시로 탈바꿈하고 있다.

파주에는 국가산단, 일반산단, LCD 클러스터 등이 조성되어 있다. '파주출판단지'로 우리에게 알려진 출판문화정보국가산단은 교하읍에 위치해 있다. 출판업, 인쇄 및 인쇄 관련 서비스업, 출판유통업과 관련된 190여 개 업체가 입지해 있다. 출판·인쇄뿐만 아니라 영상과 소프트웨어 산업을 유치하기 위해 2단계 산단을 조성 중에 있고, 올해 12월이면 준공될 예정이다. 탄현면에는 조립금속, 기계장비, 통신장비, 정밀기계 등과 관련된 46개 중소기업이 입지한 중소기업전용국가산단도 있다. 일반산단도 조성 중인 면적을 포함해 약 60만 평에 이른다.

파주에는 12개 산단이 조성되어 있고, 선유산단과 당동 외국인산단을 제외하면 100% 입주가 완료된 상태이다. 공장 부지만 조성하면 분양에는 별로 어려움이 없다. 파주로 제조업 관련 기업이 몰리는 이유는 수도권 경제구조의 재편 과정에서 새로운 입지를 물색하던 기업들이 인접한 파주를 선택한 결과이다. 특히 파주에 우리나라 최대 규모의 LCD 클러스터가 구축된 것은 2006년 4월 27일 준공된 LG디스플레이 파주공장이 방아쇠 역할을 했기 때문이다. 2004년 3월 LG디스플레이 공장 기공식을 시작으로 디스플레이 단지가 조성되면서 파주는 현재 우리나라 최대의 LCD 클러스터로 부상하고 있다. 파주를 LCD 클러스터로 육성하려는 지방자치단체의 노력과 정책의 결과이다. 특히 손학규 전 경기도 도지사와 류화선 전 파주시장의 탁월한 리더십이 낳은 결정체이기도 하다.

파주에는 LCD 관련 기업이 클러스터를 만들고 있다. LCD 클러스터는 4개 산단(총면적 135만 평)으로 구성되어 있다. LG디스플레이가 위치한 디스플레이산단(51만 평), 협력단지인 당동산단(19만 평), 선유산단(40만 평), 월롱산단(25만 평) 등이다. 2008년 분양이 완료된 월롱면 디스플레이산단은 LG, 한국SMT, 희성전자, 파주전기초자(PEG) 등을 비롯하여 액정표시장치(TFT-LCD) 제조 및 관련 산업으로 특화되어 있다. 문산읍 당동에 조성된 파주당동 외국인 전용산단은 화학물질 및 화학제품 제조업, 비금속 광물제품 제조업이 입주해 있다. 파주선유산단(문산읍 선유리, 파주읍 향양리)은 펄프·종이, 화학물질 및 화학제품 등과 관련된 75개의 국내업체가 입지해 있다. 파주월롱산단에는 LG 계열사들이 주로 자리 잡고 있다(파주시청 홈페이지).

파주 LCD 산업은 완제품을 생산하는 LG디스플레이와 재료·부품·장비업체 등 후방 산업이 디스플레이 산단을 중심으로 완벽한 LCD 클러스터를 구축하고 있다. LG디스플레이 공장이 입지한 디스플레이산단을 중심으로 국내 협력기업은 선유산단에, 외국인 협력투자 기업은 당동산단에 주로 입지해 있다. LG의 계열사인 LCD 핵심 부품 소재인 유리기판을 생산하는 LG화학과 LCD 부품을 생산하는 LG이노텍, LG마이크론 등은 월롱산단에 입지해 있다. 디스플레이산단에는 약 35,000여 명(2012년 2월 말 현재)이 상주해 있고, 기숙사에 거주하는 인원만도 1만여 명에 이른다.

파주 LCD 클러스터를 탄생시킨 모태는 LG디스플레이 파주공장이다. 이를 반영하듯 자유로와 통일로에서 LCD 산단으로 진입하는 5.95km가 'LG로'로 명명되어 있다. LG디스플레이는 2004년 이후 지금까지 수조 원에 이르는 자본을 파주 디스플레이산단에 투자하였고,

일본전기초자(NEG) 등 첨단 LCD 부품 소재 외국인 직접투자를 이끌어 내기도 했다. 이런 결과는 외국인 전용산단에 그대로 나타나고 있다.

당동 외국인 전용산단에는 LCD 액정기판을 생산하는 파주전기초자(PEG)와 LCD 원자재를 생산하는 코템이 2005년에 입주했고, 2008년에는 초박막 트랜지스터 TFT-LCD용 기계장비를 제조하는 한국알박도 입주했다. 내년에는 이데미쓰코산이 입주할 예정이다. 이들 모두는 일본계 LCD 관련 기업들이다. 지난 8월 31일에는 세계 3위의 LCD 유리원판 제조기업인 일본 NEG사의 한국법인(전기전자코리아)이 당동 산단에 차세대 LCD인 OLED용 유리원판 제조공장 기공식을 가졌다. 약 5억 달러(6000억 원)가 투자될 이 공장은 향후 250여 명의 고용을 창출할 것으로 예상된다. 일본계 관련 기업의 투자가 지속적으로 증가하는 것은 파주에 구축된 LCD 클러스터 때문이다.

LG디스플레이 파주공장이 준공되고 관련 부품 기업들이 주변 산단에 입지하면서 파주의 인구는 크게 증가했다. 파주 인구는 2004년 252,700명에서, 2008년 319,395명으로 늘었고, 2011년 387,254명으로 증가했다. 이런 추세라면, 올해 말에는 40만 명에 육박할 것으로 전망된다. 특히 2006년 3/4분기에는 6,484명의 전입 인구가 발생하여 전국 지방자치단체 중에서 전입 초과 순위 3위를 기록했다. 2011년에도 2만 3000여 명의 전입 인구가 발생했고, 경기도 31개 시·군 중에서 가장 높은 전입 인구 증가율을 기록했다. 지방세 수입이 늘어나면서 파주의 재정 자립도는 2005년 40.7%에서 2011년 52.4%로 증가했다. 인구와 사업체 수 증가가 재정 자립도를 개선시켰다. LG디스플레이 파주공장이 2010년에 파주시 지방세 수입의 8.7%에 해당하는 164억 원의 세금을 납부한 것이 좋은 사례이다.

파주는 2004년 LCD 산단 조성을 시작으로 2005년 파주출판문화정보단지 완공, 헤이리예술마을 조성, 2006년 4월 파주영어마을 설립, 2011년 문을 연 롯데프리미엄 아울렛, 신세계 첼시 아울렛 등 외부 지역으로부터 방문객을 유인할 다양한 지역 발전 사업을 추진했다. 이들 사업은 청장년층의 고용 확대, 농수산물 유통과 부동산 경기 활성화 등 여러 경제활동에서 파급 효과를 만들어 냈다. 지역 발전 파급 효과는 LG디스플레이 파주공장과 LCD 클러스터가 없었다면 불가능했을 것이다.

LG디스플레이 파주공장은 휴전선에 가까운 접경도시 파주를 우리나라 최대의 LCD 클러스터로, 세계 디스플레이 산업의 메카로 만든 주체였다. 파주는 기업 입지와 기업 활동이 도시의 기능과 성격을 어떻게 변모시키는지를 보여 주는 살아 있는 교과서이다. 우리 지역에서도 신소재 산업이나 해양바이오 산업의 클러스터, 세계적인 철강 산업의 메카 등을 만들 수 있다. 기업과 자본 유치에 유리한 환경을 조성할 때, 우리 지역에서도 '파주'와 같은 새로운 기업도시가 출현할 수 있다. 이는 전적으로 지역 주민과 지역사회 리더십의 몫이다.

‑ 광주상의, 제374호(2012)

45

삼성전자가 만든 기업도시, 아산 탕정

삼성전자가 만든 국내 최초의 기업도시, 우리나라 최대 디스플레이 생산 기지, 포도밭에 들어선 세계적인 디지털 산업단지 등은 충청남도 아산시 탕정면에 위치한 삼성LCD 중심의 '삼성타운'을 지칭하는 수식어들이다. 아산 탕정은 삼성전자가 한국의 실리콘밸리를 목표로 조성한 기업도시이다.

"삼성디스플레이가 충남 아산시 탕정면에 자율형 사립고등학교인 '은성고'(가칭)를 2014년 3월 개교를 목표로 학교설립 신청서를 제출했다. 30학급(정원 1천 50명) 규모인 고등학교 학생들은 충남지역에 거주하는 학생만 뽑기로 했으며, 정원의 70% 정도를 삼성디스플레이와 계열사 직원 자녀로 채울 계획이다."("연합뉴스", 2012년 9월 20일자)

삼성 자율형 사립고등학교(이하 '자사고') 설립에 관한 뉴스는 아산 탕정 지역의 변화, 삼성그룹이 만든 기업도시의 현재 모습을 상징하는 좋은 소재이다. 1만여 명(2003년)의 농촌 지역을 1만 9000명(2012년 11월 말 현재)의 도시로 성장시킨 동인은 기업이었다. 삼성은 포도밭으로 가득한 한적한 시골을 세계 최대 규모의 LCD 생산 기지로 만들었다. 삼성이 탕정에 LCD 클러스터를 조성하지 않았으면, 삼성타운이나 곧 개교할 은성고는 존재하지 않을 것이다.

삼성타운이 조성된 탕정면은 아산시 동쪽에 위치하며 천안시와 접해 있으며, 충무공 이순신 장군을 모신 현충사가 위치한 염치면과도 인접해 있다. '탕정(湯井)'은 온양의 백제 시대 때의 지명으로, 1914년부터 사용되고 있다. '더운 물이 솟는 우물'이라는 지명처럼 탕정은 예로부터 온천으로 알려졌다. 탕정면의 대부분은 저지대로 논농사가 활발했고, 천안시와 인접하여 근교농업도 행해졌으며, 특히 구릉 지대에서는 포도를 비롯한 과수 재배가 많이 이루어졌다(국토정보지리원, 2010).

탕정면은 행정구역으로는 아산시에 속하지만, 경제권은 천안시와 밀접한 관계를 가지고 있다. 탕정은 연접한 천안시와 지방도(624번) 및 전철1호선(장항선)으로 연결되어 있으며, 천안유통단지, 천안제3일반산업단지 등과도 인접해 있다. 또한 KTX 천안·아산역의 역세권을 공유하고 있다. 천안시와 지리적으로 연담되어 있기 때문에 삼성 관련 직원과 가족들이 많이 거주하는 '탕정 삼성트라팰리스'를 중심으로 아산 신도시 조성사업이 진행 중에 있다.

논농사와 포도 재배가 활발했던 탕정의 변화는 삼성의 LCD 공장 건설로부터 시작되었다. 삼성은 휴대전화용 디스플레이를 경기도 기흥공장에서 주로 생산하였다. 하지만 액정표시장치(LCD) 패널이 점차 대형

화되고 수요가 증가함에 따라 기흥공장과 인접한 지역에 새로운 전문단지 조성계획을 수립했고, 그 대상 지역이 탕정으로 선정되었다. 삼성전자가 사업시행업자로 조성한 일반산업단지는 아산탕정디스플레이시티1과 2로 구성되어 있다. 1995년 일반산업단지로 지정된 '아산탕정디스플레이시티1(탕정1단지)'은 탕정면 명암리 21-2번지 일대에 조성되었고, 총면적은 2,467,000㎡(약 75만 평)이다. 1995년부터 산업단지 조성공사가 시작되어 2012년에 준공되는 1단지에는 현재 삼성디스플레이, 삼성코닝정밀소재, SUM, SCG, 에어프로덕츠코리아, 프렉스에어코리아 등 6개사가 입주해 있다. 또한 삼성전자는 향후 시설 증설을 위해 탕정면 명암리, 용두리 일원에 총면적 2,114,000㎡ 규모의 '아산탕정디스플레이시티2(탕정2단지)' 조성공사를 진행하고 있다.

삼성 계열 디스플레이단지로 명명되는 '아산탕정디스플레이시티1'에 삼성전자는 일본 소니와 합작으로 2003년에 LCD 공장을 건설했다. 1단지에는 LCD 7세대·8세대 생산 라인, 유리기판 생산 라인, 유기발광다이오드(OLED) 생산 라인 등이 입지해 있다. 2004년에 7세대 LCD 생산 라인을 가동했고, 2007년에는 8세대 생산 라인을 가동했다. 특히 8세대 LCD 패널은 가로 2,200mm 세로 2,500mm 크기의 대형 유리기판으로 50인치 이상의 TV에 주로 사용된다. 삼성전자는 탕정1산단에서 2007년부터 양산을 시작했다. 또한 유기발광다이오드 생산 라인을 2010년 4월에 입주시켰다. 2단지에도 LCD 관련 공장들이 건설되고 있고, 2015년에 단지가 최종 완성될 계획이다.

기업도시 삼성타운은 탕정의 인구와 사회 변화에 커다란 영향을 미쳤다. 삼성의 LCD 공장이 건설되기 시작한 탕정면의 2003년 인구는 10,192명(가구 수 5,075)이었지만 현재(2012년 11월 30일 기준)는 18,977명(가구 수 9,118)으로 거의 2배 정도 증가했다. 아산시 인구 또한 2003년 196,860명에서 2012년 11월 279,939명으로 약 8만 3000여 명이 증가했다. 탕정산단에 입주한 업체에서 고용하고 있는 근로자 수(2012년 6월 말 기준)는 17,176명이다. 하청 및 협력 업체 고용 인구를 포함하면 직간접 인구 유발 효과는 약 7만 6000여 명에 달할 것으로 추정하고 있다("매일경제", 2012년 10월 24일자). 탕정면과 아산시의 인구 증가는 탕정 기업도시 건설과 직접적으로 관련되어 있다.

탕정의 삼성타운은 아산시 산업구조에도 영향을 미쳤다. 아산시의 2009년 지역내총생산(GRDP)은 16조 1561억 원으로, 2003년 8조 9588억 원에 비해 약 1.8배 증가하였다. 2009년 1인당 지역내총생산은 6303만 원으로 아산시가 충청남도에서 1위를 차지하였다. 산업구조별로는 제조업이 전체의 82%를 차지하여 제조업이 지역 경제를 주도하고 있는 것으로 나타났다. 아산시 사업체 수는 2005년 1,358개에서 2010년 1,719개로, 종사자 수는 2005년 45,769명에서 2010년 62,902명으로 증가했다. 탕정면의 경우, 사업체 수는 2005년 401개에서 2010년 496개, 종사자 수는 2005년 11,231명에서 2010년 17,207명으로 증가했다.

특히 삼성타운은 아산시의 세금 수입 확대에 결정적인 기여를 하였다. 2006년 삼성전자는 182억 원, 삼성코닝정밀소재는 134억 원을 지방세로 납부했다. 2008년에 삼성 관련 기업이 아산시에 납부한 지방세는 308억 원이다. 아산시 전체 세수의 17%를 차지하였다. 2011년 삼성디스플레이와 삼성코닝정밀소재 등 삼성 계열사가 아산시에 납부한 지방세는 2011년 1067억 원이었다("매일경제", 2012년 12월 6일자). 탕정2단지가 예정대로 완공되어 삼성의 LCD 생산 시설이 증설되면 아산시 세수 효과는 2015년에 거의 1500억 원에 달할 것으로 예상된다("한국일보", 2009년 10월 29일자). 탕정에 조성된 삼성타운이 아산에 제공한 세수 효과는 다른 지방자치단체가 부러워하는 대상이 되고 있다.

삼성전자가 아산 탕정에 '삼성타운'이라는 기업도시를 만든 이유는 탕정이 보유한 비교 우위의 입지적 장점 때문이다. 수도권과의 양호한 교통 접근성, 수원·기흥·천안 등지에 입지한 삼성전자 계열 공장과의 기능적 연계성, 수도권에 비해 상대적으로 낮은 땅값, 아산시의 적극적인 투자유치정책 등이 그것이다. 하지만 보다 중요한 사실은 탕정에 삼성전자의 LCD 관련 공장들이 입지하면서 농촌이 도시로 변모했고, 포도밭이 공업단지로 탈바꿈했다. 외부로부터의 전입 인구 증가로 지역 경제가 활력을 띠고 있다. 아산 신도시가 출현했고, 아산 신도시와 천안이 연결되는 연담도시화가 진행되고 있다. 이러한 일련의 탕정 지역 변화를 주도한 동인은 기업이었다.

삼성전자가 2004년 '아산탕정디스플레이시티(탕정산업단지)'를 조성한 이후, 탕정에는 삼성타운이 만들어졌다. '탕정 포도'로 유명했던 평범한 시골 마을이 삼성디스플레이가 입지하면서 지역 발전과 성장의 계기를 맞고 있다. 삼성이 없었다면 탕정은 품질이 좋은 포도를 생산하는 전형적인 농촌 마을에 불과했을 것이 분명하다. LG그룹이 조성한 파주의 LCD 클러스터, 디스플레이 산업의 메카를 지향하는 탕정의 삼성타운 등이 우리 지역에도 만들어지길 기대해 본다.

- 광주상의, 제375호(2013)

46

타이어 공업도시로 변모하고 있는 창녕

우리나라에서 전형적인 농촌 마을이 공업도시로 변모한 사례는 드물다. 물론 1990년대 이전에 중앙정부의 산업단지 개발 정책에 힘입어 농촌 마을이 공업단지로 탈바꿈한 사례가 일부 있기는 하다. 하지만 최근에는 많지 않다. 특히 지역사회 힘으로 기업을 유치해 새로운 일자리를 만든 사례는 더욱 찾기 어렵다. 하지만 타이어 공업도시로 변모하고 있는 경상남도 창녕군은 지역사회 힘으로 기업을 유치해 일자리를 창출한 좋은 모델이다. 그래서 창녕군은 인구 유출 방지와 일자리 창출에 혈안이 되고 있는 많은 농촌 지역에 새로운 희망이 되고 있다.

창녕군은 경상남도 내륙 중북부에 위치한다. 군의 경계를 보면 동쪽은 밀양시, 북쪽은 대구광역시와 경북 고령군, 서쪽은 낙동강을 경계로 합천군과 의령군, 남쪽은 함안군과 창녕시 등과 접하고 있다. 중부내륙 고속도로가 군의 중앙부를 남북 방향으로 관통하지만 교통이 편리하지는 않다. 창녕군은 유명한 지리적 특산물이 없어 일반 사람들에게는 생소하다. 국내 최대 규모를 자랑하는 내륙 습지인 '우포늪', 1970년대 후반부터 온천 관광지로 각광을 받았던 부곡온천, 진달래와 철쭉 군락지로 유명한 화왕산 등이 고작이다.

창녕군은 경상남도 내륙에 위치한 전형적인 농촌이다. 지리적 특산
물도, 유명한 산과 사찰도 없어 전국적으로 알려지지 못했다. 하지만
넥센타이어(주)가 제2공장 건설 대상지로 결정하면서 창녕군은 전국
의 주목을 받았다. 특히 기업 유치에 심혈을 기울이는 지방자치단체들
에게는 좋은 벤치마킹의 대상이 되고 있다. 창녕군이 신흥 공업 지역으
로, 제조업 도시로 변모하고 있기 때문이다. 2012년에는 산업정책연구
원이 수여하는 지역산업정책 부문의 종합최우수상을 받기도 했다.

넥센타이어는 세계적인 기업지만, 그동안 많은 우여곡절을 거쳤다.
넥센타이어는 국내 3대 타이어 제조사 중의 하나이다. 한국타이어, 금
호타이어에 이어 시장 점유율 제3위를 차지한다. 해외시장의 개척으
로 세계적인 타이어 제조사로 성장했지만 그 과정은 험난했다. 넥센타
이어의 모체는 1942년 부산에서 설립한 흥아타이어공업으로, 자전거
와 리어카 타이어를 주로 생산했다. 1952년 흥아타이어(주)로 회사명
을 변경했고, 1956년 국내 최초로 자동차 타이어를 생산했다. 1973년
에 원풍산업(주)에 인수되었고, 1979년 국제그룹 계열사로 편입되었
다. 국제그룹의 해체로 1985년 우성그룹으로 소유권이 넘어갔고, 1987
년 미쉐린코리아타이어(주)로 재탄생했다. 하지만 1996년 우성그룹의
부도로 다시 소유권은 한일그룹에 인수되었다. 1999년 법정관리 중이
던 우성타이어를 강병중 회장(현재 넥센타이어 회장)이 인수했고, 2000년
에 회사 이름을 넥센타이어로 변경했다.

여러 차례의 소유권 이전과 사명 변경 과정을 거친 넥센타이어는

2000년 이후 급속하게 성장했다. 국내 수요 증가와 해외 수출 확대 덕분이었다. 2006년 5월 중국 청도공장 기공식을 가졌고, 2007년에는 4억 달러 수출탑을 수상했다. 2008년에는 경상남도 양산과 중국 청도공장에서 연간 1,700여 개의 타이어를 생산했다. 하지만 넥센타이어는 급증하는 국내외 수요로 인해 생산 설비의 한계에 다다랐다. 생산 설비 추가 확장이 필요한 넥센타이어는 2009년 9월에 1조 2000억 원이 투자되는 창녕 제2공장 건립계획을 발표했다.

넥센타이어 제2공장이 창녕군에 저절로 떨어진 것은 절대 아니다. 창녕군이 넥센타이어 제2공장을 유치한 과정은 쉽지 않았다. 생산 설비 증설이 절실한 넥센타이어는 2009년 6월부터 제2공장 후보지를 물색했다. 넥센타이어는 공장 유치를 추진하고 있던 경상남도의 창녕군·산청군·함양군·밀양시, 경상북도의 청도군, 전라북도의 김제시와 남원시 등을 대상으로 조사를 했다. 넥센타이어는 공장 부지의 입지 조건, 교통·물류 조건, 토지 조성비, 지방자치단체가 제공하는 인센티브 등을 종합적으로 비교하여 창녕군 대합면 이방리 일대를 공장 부지로 결정했다.

창녕군이 넥센타이어 제2공장 건설지로 결정된 배경은 지방자치단체의 적극적인 기업 유치 정책 때문이었다. 3가지 조건이 넥센타이어에게 매력적이었다. 첫째는 토지 매입과 공사 비용이 상대적으로 저렴했다. 평당 토지 매입비는 15만 원, 공사비는 16만 원 정도였다. 약 15만 평의 공단을 조성하는 데 소요되는 총비용이 435억 원에 불과했다. 전체 부지의 30% 정도가 국공유지이기 때문에 토지 매입이 용이했고,

토지 매입비도 상대적으로 저렴했다. 또한 경사도 10% 미만의 완만한 구릉지가 대부분이어서 조성 공사비도 절감할 수 있었다. 둘째는 입지 조건이 좋았다. 중부내륙고속도로와 인접해 있고, 부산신항 및 김해공항과는 90km 거리였다. 동대구역과 40km, 밀양역과 50km 거리에 위치해 물류 비용의 절감이 가능했다. 전력·용수·가스의 공급이 유리했고, 대합일반산단 진입 도로를 사용할 수 있었다. 대구광역시 달성군과 인접해 인력 수급에도 큰 어려움이 없었다. 셋째는 재정적 인센티브였다. 창녕군은 입지 보조금(분양가의 30% 이내, 2억 원 한도), 고용 보조금과 교육훈련 보조금(20인 초과 1인당 월 50만 원, 2억 원 한도), 시설 보조금, 이전 보조금 등을 지원했다. 공장 부지 매입비의 50% 무이자 융자, 취득세·등록세·재산세의 5년간 100% 감면, 대규모 투자 기업에 대한 특별 지원 등 재정적 인센티브를 제공했다. 이런 인센티브는 경상남도가 제정한 내국인 투자기업유치조례 때문에 가능했다.

창녕군의 유리한 입지 조건과 인센티브 제공으로 넥센타이어는 2009년 9월 28일 투자협약을 체결했다. 약15만 평 규모로 단일 타이어 공장으로는 세계에서 가장 큰 규모이다. 2018년까지 약 1조 2000억 원을 투자해 연간 2100만 개 타이어를 생산할 핵심 프로젝트이다. 제2공장이 입지할 넥센일반산업단지는 산업입지및개발에관한법률에 의해 실수요자가 직접 개발하는 방식으로 진행되었다. 넥센타이어만 입주하는 산업단지이다. 2010년 6월 넥센일반산단(부지 면적 49만 5000㎡) 조성공사를 시작으로 2011년 12월 1단계 생산 시설을 완공했고, 2012년 3월부터 창녕공장을 가동했다. 그리고 마침내 2012년 10월 12일 창녕공장 준공식이 행해졌다.

넥센일반산단 조성과 타이어공장 준공은 창녕의 인구 성장에 결정적인 기여를 했다. 창녕군 인구는 2013년 1월 현재 62,959명이고, 세대 수는 29,319명이다. 창녕의 인구는 1983년 114,376명에서 계속 감소하여 2000년 73,177명, 2010년 62,752명을 기록했다. 1993년 이후 매년 1,300여 명이 감소했다. 하지만 2010년을 기점으로 인구 감소에서 탈출했다. 타이어공장 건설을 계기로 상승세로 전환한 것이다. 인접한 지방자치단체의 지속적인 인구 감소와는 대조적인 현상이다. 전출 인구보다 전입 인구가 꾸준히 증가했기 때문이다. 새로운 기업 유치와 일자리 창출이 전입 인구 증가로 나타난 결과이다.

넥센타이어 제2공장 건설은 창녕을 공업도시로 변신시키고 있다. 현재 창녕에는 일반산단 8개소, 농공단지 4개소가 조성 중에 있다. 세아베스틸 등 대기업을 비롯한 195개 기업을 유치했다. 특히 전라북도 군산이 본사인 세아베스틸은 대합일반산단에 제2공장을 건설하고 있다. 2015년까지 5000억 원을 투자해 19만 8000m² 규모의 공장이 완공되면 약 600여 명의 신규 일자리가 탄생할 것이다("국제신문", 2012년 12월 16일자). 넥센타이어 제2공장에는 현재 700여 명의 임직원이 근무하고 있다. 향후 증설투자계획이 순조롭게 진행된다면, 오는 2018년에는 현재의 600만 개에서 연간 2100만 개의 타이어를 생산하는 세계적인 공장으로 탈바꿈할 것이다. 일자리 또한 증가할 것이 분명하다.

창녕군 인구의 절반은 농업에 종사하고 있다. 하지만 넥센타이어 제2공장 건설을 계기로 기업과 일자리가 늘어나고 있다. 일자리가 늘어나자 전입 인구도 증가하고 있다. 전형적인 농촌 마을이 친기업적 정책으로 제조업 도시로, 세계적인 타이어 도시로 변모하고 있다. 그래서 창녕군은 기업과 지역사회의 관계를 실감할 수 있는 살아 있는 교과서로 평가받고 있다.

- 광주상의, 제376호(2013)

47

수도권 남부의 새로운 기업도시로 떠오르는 평택

기업과 공장의 유치는 지역의 성장과 발전을 파악할 수 있는 중요한 지표 중의 하나이다. 특히 최근에는 지역 내의 일자리 창출이 지역 인구의 정착과 외부로부터의 인구를 끌어들이는 동인이 되기 때문에 많은 지방자치단체들이 기업과 공장의 유치에 심혈을 기울이고 있다. 기업도시와 달리 지방자치단체의 지리적 위치와 상대적 입지 조건을 활용하여 기업을 유치하여 지역 발전을 꾀하는 사례가 있다. 경기도 평택시가 여기에 해당한다.

평택시는 경기도 남단에 위치해 있고, 충청남도의 천안시와 아산시에 접하고 있다. 동쪽은 안성시, 북쪽은 화성시와 경계를 이루고 있고, 서쪽은 아산만에 면해 있다. 1995년 도농통합에 의해 송탄시, 평택시, 평택군 등이 통합된 평택시의 면적은 454.38km²이고, 인구는 43만 4305명(2012년 12월 현재)이다. 행정구역은 3개 읍, 6개 면, 13개 동으로 구성되어 있다. 인구 규모로 보면 평택시는 우리나라 도시 순위에서 23위(2013년 3월 인구 기준)를 차지하고 있다.

평택시는 경기평야의 한복판에 위치하여 예로부터 '경기미(米)'를 생산하는 우리나라의 대표적인 곡창 지대로 알려졌다. 지역의 대부분 지형은 낮고 평탄한 충적지와 침식지로 이루어져 있다. 저평한 농경지와 구릉지는 쌀 중심의 논농사와 과수원, 목장 등으로 이용되었다. 아산만 일대에서는 어업과 양식업이 많이 행해졌지만, 아산만 방조제와 남양 방조제의 건설로 어업은 쇠퇴했다. 한편 1970년대 이후에는 수도권과의 지리적 접근성을 활용하여 원교 원예농업과 낙농업이 발달했다. 평택항을 중심으로 산업단지가 조성되어 기계금속, 화학, 섬유, 식료품 등 제조업 활동도 발달하기 시작했다.

평택시의 현재 인구는 43만 6619명(2013년 4월 말 기준)이다. 광주 · 전라남도 도시들의 인구와 비교하면, 여수시보다도 인구가 훨씬 많다. 도농통합시로 출범했던 1995년 당시 평택시 인구는 32만 2637명이었고, 가구는 10만 2182세대였다. 하지만 평택시 인구는 1995년 이후 지금까지 연평균 2%의 성장 추세를 꾸준히 유지하여 전국 23위의 인구 순위를 자랑하는 완벽한 중급 도시로 성장하였다. 평택의 인구가 지속적으로 늘어나는 중요한 동인 중의 하나는 외부로부터 전입하는 사회적 인구 증가 때문이다. 실제로 2011년 인구 이동을 보면, 전입 인구(7만 3486명)가 전출 인구(6만 8363명)보다 많았고, 경기도 내와 서울로부터 전입한 인구가 전체의 78.8%를 차지하였다.

평택의 인구가 지속적으로 증가하는 것은 평택 내에서 외부 인구를 유인하는 일자리가 꾸준히 만들어지기 때문이다. 일반적으로 지역 내의 일자리 창출은 기업의 생산과 투자 활동 확대, 신규 기업과 공장의 유치, 도시 관련 서비스 활동의 증대 등과 관련된다. 전입 인구의 증가로 인한 평택의 인구 성장 또한 전술한 이유와 관련이 있다. 특히 새로운 기업과 공장의 유치 및 입지로 인해 평택에서는 일자리가 새롭게 만들어지고, 고용 기회가 늘어나 외부의 전입 인구를 유인하는 결과가 되었다. 평택의 지속적인 일자리 창출에 기여한 핵심 동인은 포승국가산단, 평택항, 서울과의 접근성 등을 꼽을 수 있다.

평택의 포승국가산단은 아산국가산단 포승지구에 해당한다. 아산만에 면한 포승면에 위치한 포승국가산단은 기계, 석유화학, 철강, 운송 장비 등과 관련된 380여 개의 업체가 입주해 있고, 1만 2000여 명의 고용을 창출하고 있다. 포승국가산단은 평택이 수도권 남부의 새로운 산업도시로 부상하는 데 결정적인 역할을 했다. 현재 운영 중에 있는 9개 지방산단은 포승국가산단과 밀접한 산업적 연계를 갖고 있다. 석유화학 및 전기전자 중심의 세교(54만m²)와 어연한산(69만m²), 기계 및 전기전자 중심의 송탄(108만m²)과 현곡(72만m²), 전기전자 중심의 장당(15만m²)과 추팔(61만m²), 석유화학 중심의 칠괴(64만m²), 기계와 석유화학 중심의 현곡(34만m²), 기계 중심의 진위(48만m²), 외국인 중심의 오성(60만m²) 등 9개 지방산단은 포승국가산단과의 산업적 연계를 유지하면서 관련 업종의 기업을 유치하고 있다.

평택항은 평택이 새로운 기업도시로 부상하는 데 기여한 일등 공신이다. 포승국가산단과 불가분의 관계에 있는 평택항은 당진항에 통합되어 경기평택항만공사가 운영하고 있다. 평택(당진)항은 현재 58선석의 시설 능력과 연간 85,590(천R/T) 하역 능력을 갖추고 있다. 평택항은 국제 카페리 정기 항로(중국 연운, 위해 등)와 컨테이너 항로가 개설되면서 2000년부터 본격적인 국제무역항의 역할을 하고 있다. 평택시 소재의 항만 부두는 자동차 전용 부두(현대자동차), 컨테이너, 시멘트, 일반화물 및 목재, 양곡 등을 처리하는 24선석(하역 능력 4억 7252만 1000톤) 규모이다. 2012년 1억 톤의 물동량을 처리한 평택항은 국내의 31개 무역항 중에서 개항 이후 최단 시일에 1억 톤 이상을 달성한 항만 기록을 세우기도 했다. 평택항의 물류 시설은 평택의 산단 개발과 기업 유치에 중요한 인프라로 기능하고 있다.

포승국가산단과 평택항이라는 산업 인프라를 보유한 평택은 서해안 고속도로를 포함한 광역 교통 체계가 확충되면서 기업 유치가 더욱 수월해졌다. 개선된 접근성, 양호한 항만 물류 시설, 저렴한 부지 구입 비용 등의 입지적 장점을 홍보한 지역산업정책에 힘입어 평택에는 기업들의 신규 투자가 활발하다. 특히 최근에는 평택시의 적극적인 기업 유치 전략이 주효하여 서울과 인천, 수원 등지에 입지한 전기전자, 기계 금속 관련 기업들이 속속 평택으로 이전하거나 평택에 새로운 공장을 건설하기 위한 부지를 구입하고 있다.

평택시는 2012년 10월 외국계 계측기기 생산 기업인 우진일렉트로나이트를 유치해 본사와 공장 준공식을 가졌다. 200억 원이 투자된 본사와 공장은 약 180여 명의 고용을 창출하였고, 2016년에는 1000억 원의 연매출을 달성해 지역 경제에 도움이 될 것으로 보인다. 또한 우진일렉트로나이트의 모기업인 (주)우진도 평택시 청북면으로 이전할 계획이라고 한다("헤럴드경제", 2012년 10월 24일자). 지난 5월 16일 평택시 현곡면에 위치한 현곡산단에서는 고요지코코리아(주)의 공장 준공식이 열렸다. 1300만 달러가 투입된 자동차용 워터펌프 베어링 제조 공장은 53명의 신규 고용을 만들어 냈고, 2015년까지 67여 명을 추가로 고용할 계획이다("경기G뉴스", 2013년 5월 20일자). 또한 삼성전자 생산 시설을 고덕산단에 유치한 성과는 새롭게 기업도시로 부상하는 평택시의 진면목을 보여 주는 좋은 증거이다.

"삼성전자가 평택 고덕산업단지에 첫 삽을 떴다. 경기도시공사가 2015년까지 부지조성공사를 끝내면 2016년부터 생산시설이 차례로 입주하게 된다. 평택시 모곡동, 지제동, 장당동 등 395만 m²(120만 평) 부지에 들어서는 삼성전자 생산시설은 수원사업장의 2.4배, 화성사업장의 2.6배에 달할 정도로 규모가 크다. 삼성전자가 앞으로 평택 산업단지에 투자하는 금액만 100조 원이 넘는다. 삼성 산업단지가 본격적으로 가동되면 평택시에 3만여 개의 일자리가 창출될 것으로 전망된다."("매경이코노미", 제1709호)

1990년대 후반부터 경기미(米)를 생산하는 경기평야의 중심 농업 지역인 평택에 변화가 나타났다. 서울과 인천 등지에서 기업이 이전하고 새로운 기업 투자가 행해지기 시작했다. 서해안고속도로를 비롯한 광역 교통망 확충과 개선으로 접근성이 향상되고, 평택항의 항만 시설이 무역항의 구실을 하면서 나타난 변화이다. 상대적으로 저렴한 공장 부지를 제공하기 위한 지방자치단체의 노력과 행정 지원 서비스, 적극적인 홍보와 세일즈 활동 등이 중요한 역할을 한 결과이다.

현재 평택에서는 고덕 신도시, 황해경제자유구역, 미군기지 이전 사업 등과 같은 대형 지역개발 사업이 행해지고 있다. 삼성전자의 고덕산단 투자와 지난 3월 28일 개통된 제2서해안 민자고속도로(평택-시흥)는 평택의 10년, 20년 후를 예측할 수 있는 좋은 리트머스 시험지이다. 지역 내의 산업 인프라인 평택항과 포승국가산단을 기반으로 적극적인 기업 유치 전략을 펼치고 있는 평택을 지켜보면서 우리 지역의 여수, 광양, 목포를 떠올려 본다.

– 광주상의, 제377호(2013)

48

우리나라 제3의 석유화학 핵심 도시로 성장한 서산

국내외를 막론하고 유사한 업종의 제조업 공장들이 특정 지역에 집적하여 대규모 클러스터를 구축하는 사례는 매우 많다. 세계 5위의 생산 능력을 보유하고 있는 우리나라의 석유화학 산업도 마찬가지이다.

석유화학 산업은 원유에서 나프타를 분해하여 에틸렌, 프로필렌, 부타다이엔, 벤젠 등의 중간 재료를 만들어 합성수지, 합성섬유 등을 생산하는 일련의 공정으로 구성되어 있다. 그래서 원료, 중간재, 최종 소비재를 생산하는 공장들이 한곳에 모여 있는 것이 특징이고, 이러한 집적지를 '석유화학 콤비나트(Kombinat)'라고 부른다. 우리나라에서 석유화학 산업 관련 공장들이 대규모로 집적된 지역은 울산, 여수, 서산 등이다.

서산시는 충청남도의 서북부 해안에 위치하며 태안반도의 중심을 이룬다. 서산시의 경계를 보면, 동쪽은 당진시와 예산군, 남쪽은 홍성군, 서쪽은 태안군, 그리고 북쪽은 서해와 접해 있다. 태안반도의 중앙에 해당하기 때문에 해발고도 50m 이하의 완만한 경사의 구릉지와 논으로 구성된 지형이 발달해 있다. 북서쪽의 가로림만에는 크고 작은 섬이 많이 분포하고, 간석지가 넓게 발달해 있으며, 과거부터 염전이 많았다. 서산에서는 예로부터 쌀, 보리, 고구마, 두류, 인삼, 마늘 등이 주로 생산되었고, 마늘과 인삼은 지역의 특산물로 유명하다. 서산시는 충청남도의 서해안과 인접해 있어 과거부터 교통이 불편하였다. 현재도 서해안고속도로가 시의 동부를 남북 방향으로 관통하지만 교통이 그다지 편리한 편은 아니다.

태안반도의 중앙에 위치한 전형적인 농촌 지역인 서산에 변화가 나타나기 시작한 것은 1980년대 중반부터이다. 가로림만의 끝에 위치한 현재의 대산읍 독곶리에 석유화학단지가 조성되면서 지역 변화가 나타났다. 우리나라 3대 석유화학공업의 메카로 성장한 '대산석유화학단지'는 중앙정부에 의해 개발된 사업이 아닌 민간 기업이 주도적으로 조성한 임해공업단지이다. 대산석유화학단지가 조성되기 전까지 우리나라 석유화학 관련 공장들은 주로 울산과 여수에 집적되었다. 그러나 중국이 석유화학제품 최대 시장으로 부상함에 따라 중국으로 수출이 유리한 서해안에 석유화학단지의 조성이 필요했다. 그래서 민간 기업들이 중국 수출에 유리한 입지 조건을 갖춘 대산 지역에 대규모 산업단지를 조성하게 되었다.

대산석유화학단지 건설 사업은 민간 기업에 의해 3개 공구로 나누어 시행되었다. 제1공구는 삼성석유화학(2003년 삼성토탈로 상호 변경)이 1988년 10월부터 매립 공사를 시작하여 1990년 7월에 약 94만 평의 부지를 조성했다. 1991년 6월 나프타 분해 공장(NCC)을 가동하여, 현재는 약 100만 평의 공장 면적에 나프타 분해 공장를 비롯하여 13개 단위공장이 연계된 첨단 단지를 구축해 합성수지, 화성제품, 석유제품 등을 생산하고 있다. 주요 생산제품은 HDPE, LDPE, LLDPE, EVA, MDPE, PP, 복합PP 등의 합성수지(Polymer), 에틸렌, 프로필렌, PX, SM, EO/EG 등의 유분/화성품(Basechemical), LPG, 항공유, 선박유, 휘발유, 솔벤트 등의 석유제품이다. 현재 삼성토탈에 근무하는 직원 수는 약 1,400여 명에 이른다.

제2공구 조성사업은 현대석유화학(2003년 LG화학과 호남석유화학에 인수되었고, 2005년에 씨텍, LG대산유화, 롯데대산유화 등으로 법인이 분할됨)이 담당했다. 공사는 1985년 6월 시작해 1990년 3월에 완공되었다. 총 117만 5000평의 부지가 조성되었고, 1991년부터 생산을 시작했다. 주요 생산제품은 합성수지, 기초 유분을 비롯한 중간 제품, 합성수지 등이다. 제3공구는 극동정유(1993년 현대정유로, 2002년 현대오일뱅크로 상호 변경)가 담당했고, 공사는 1983년 시작해서 1991년 완공되었다. 455만 평의 공장 용지가 조성되었고, 1988년 12월부터 원유 공장이 가동을 시작했다. 약 85만 평 규모의 현대오일뱅크 대산 제1·2공장에서는 1일 39만 배럴 규모의 석유 정제 능력을 갖추고 있다.

2000년대 접어들면서 석유화학 관련 제품의 국내 수요 및 수출 확대로 대산석유화학단지 주변에는 완공된 대죽일반산단을 비롯하여 대산일반산단(2006~2013년), 대산2일반산단(2006~2018년), 대산컴플렉스(2009~2014년), 대산3일반산단(2013~2015년), 현대대죽일반산단(2013~2017) 등 6개의 관련 공단이 위치해 있다. 현대오일뱅크와 인접한 대죽리 일원에 KCC가 조성한 대죽일반산단(약 63만 평)은 분양이 완료되어,

KCC 3개 공장을 비롯하여 화학물질 및 화학제품 제조업 등 60여 개 업체가 조업 중에 있다. 현대오일뱅크와 인접한 대산일반산단(약 34만 평)은 현대오일뱅크가 시행자가 되어 2013년 완공을 목표로 조성 중에 있다. S-Oil은 약 3조 5000억 원의 사업비를 투자하여 삼성토탈 옆에 대산2일반산단(약 35만 평)을 조성하고 있다. LG화학과 유니드가 사업 시행자가 되어 대죽자원비축국가산단 옆에 대산3일반산단(약 17만 평)을 조성하고 있고, 현대오일뱅크는 대산항과 조성 중인 현대대죽일반산단(약 24만 평)도 있다.

한편 대산항은 서산 지역의 공장 유치와 지역 경제 활성화에 중요한 역할을 하고 있다. 현재 접안 능력 1,483,600DWT 규모의 27선석으로 이루어진 대산항은 일반 화물을 처리하는 3개 부두, 1개 컨테이너 부두, 그리고 석유공사 1개, 삼성석유화학 1개, 현대오일뱅크 9개, 삼성토탈 5개, (주)씨텍 5개, 당진화력본부 2개 등 개별 기업들이 운영하는 23개 부두로 구성되어 있다. 또한 민간 투자를 유치하여 18선석을 증설할 계획을 가지고 사업을 추진 중에 있다. 대산항은 62,236TEU(2012년 말 기준)를 처리하여 부산, 광양, 울산, 인천, 평택(당진)에 이어 우리나라 6위의 항만으로 성장하였다.

대산석유화학단지는 단지가 조성된 대산읍은 물론이고 서산시의 인구와 경제구조를 크게 변화시켰다. 서산시 인구는 1981년 251,049명(가구 수: 48,293), 1991년 145,552명(가구 수: 35,779), 2001년 150,504명(가구 수: 49,906), 2010년 163,055명(가구 수: 63,668)으로 변화하였고, 2013년 8월 말 현재 인구 167,859명, 가구 수는 66,435호이다. 1980년대에 서산시 인구는 지속적으로 감소하였다. 이런 인구 감소는 당시 우리나라 농촌 지역의 공통된 현상이었다. 하지만 1994년을 기점으로 서산의 인구와 가구 수는 증가로 전환되었다. 인구 변화 추이가 감소에서 증가로 전환된 주요 이유는 1990년대 중반부터 공장이 가동된 대산석유화학단지의 영향이다.

대산석유화학단지의 영향으로 서산에는 석유화학 관련 공단 외에도 여러 소규모 공업단지가 조성되었다. 현재 분양 중인 서산테크노밸리(성연면), 서산일반산단(지곡면), 서산2일반산단(성연면) 등이 있고, 서산남부산단(오남동, 장동), 서산바이오웰빙특구(부석면) 등도 조성 중에 있다. 그리고 농공단지가 성연면, 고북면, 명천면 등지에 조성되어 있다. 산업단지의 조성은 서산시의 제조업 사업체 수 변화에도 영향을 미쳤다. 제조업 사업체 수가 1995년 80개에서 2010년 125개로 증가하였고, 종사자 수도 1995년 5,233명에서 2010년 10,656명으로 늘어났다. 지역의 산업구조에서 중요한 비중을 차지하는 화합물 및 화학제품제조업의 사업체 수도 1995년 10개에서 2010년 22개로 크게 늘어났다.

인구 및 사업체 증가와 더불어 서산의 행정구역도 변화되었다. 서산읍이 1989년 1월 서산시로 승격되었고, 석유화학단지 건설에 힙입어 대산면이 1991년 대산읍으로 승격되었다. 그리고 1995년 1월 도농형 시·군 통합에 의해 서산시와 서산군이 합쳐져 현재의 서산시로 재탄생했다.

충청남도 태안반도의 중앙에 위치한 서산은 예로부터 쌀, 마늘, 인삼의 주산지였다. 하지만 1980년대 중반부터 시작된 대산석유화학단지 건설로 서산 지역은 울산, 여수에 이어 우리나라 제3의 석유화학 메카로 부상하고 있다. 가로림만 하단에 위치한 작은 포구였던 대산항은 우리나라 6대 항구로 성장하였다. 기업의 집적을 유인하는 산업단지의 건설이 만들어 낸 결과이다. 서산 지역은 기업 입지가 지역사회를 발전시킨 또 하나의 사례이다.

- 광주상의, 제378호(2013)

49

군사도시에서 의료기기 산업 메카로 성장한 원주

원주는 우리나라의 대표적인 군사도시 중 하나이다. 1군사령부를 비롯하여 많은 군 관련 지원 부대가 위치해 있기 때문이다. 특히 강원도에서 군대 생활을 보낸 남자들은 원주를 그렇게 인식한다. 전형적인 군사도시이자 지방의 중소도시인 원주가 최근 새롭게 변신을 시도하고 있다. 인구가 꾸준히 증가하여 춘천을 따돌리고 강원도 제1의 도시가 되었다. 한국의 의료 산업 실리콘밸리를 지향하고 있다.

원주는 태백산맥의 서남쪽 지맥 끝자락의 분지에 위치해 있다. 원주는 동쪽으로 영월군과 평창군에 접하며, 서쪽으로는 남한강과 섬강을 경계로 경기도 여주군과 양평군, 남쪽으로는 남한강과 운계천을 경계로 충청북도 충주시와 제천시 등과 접하고 있다. 그리고 북쪽으로는 횡성군과 경계가 구획된다. 예로부터 기호 지방과 관동 지방을 연결하는 교통의 요충지 역할을 하였고, 1942년 중앙선이 개통되면서 강원도 서남부 지역의 행정·문화적 중심지 역할이 확대되었다.

원주는 1975년 영동고속도로가 개통되면서 서울 및 경기 서부 지역과의 접근성이 개선되었다. 고속도로 개통 이후, 과일·채소 등의 도시형 원예농업과 젖소와 돼지, 닭 등 목축업이 활발했지만, 원주의 지역 경제에는 큰 변화가 없었다. 고속도로 개통 효과를 이용하여 농업과 소비형 산업구조에 새로운 제조업을 유치하려고 노력했다. 하지만 군사도시라는 도시적 성격, 한강 상수원 보호구역이라는 지역적 한계가 주요 장애 요인으로 작용했다. 제조업 관련 기업을 유치하지 못한 원주의 지역 경제는 소비형·농업 중심 산업구조를 벗어나지 못하였고, 군사도시적 특성을 가진 지방 중소도시로 전락해야 했다. 이런 지역 경제의 특징은 1980년대와 1990년대에도 그대로 존속되었다.

원주의 지역 변화는 1990년대 후반부터 꿈틀거리기 시작하였다. 그 결과 원주는 15년만에 우리나라 의료기기 생산의 15%를 차지하는 우리나라 의료 산업의 메카로, '의료공학의 실리콘밸리'를 지향하는 도시로 자리매김하고 있다. 원주는 의료기기 산업으로 특화된 도시이다. 우리나라 의료기기 산업에서 원주가 차지하는 위상은 여러 통계자료(2012년 기준)에도 그대로 나타나 있다. 원주에는 111개의 의료기기 관련 기업이 입지하여 전국의 4.87%를 차지한다. 의료기기 관련 기업의 수출액은 4억 1900만 달러로 전국의 21.54%에 달한다. 의료기기 관련 기업의 종사자 수는 3,548명으로 전국의 10.7%에 해당한다. 의료기기 관련 기업의 생산액 또한 전국의 14.86%를 차지한 1761억 원이다.

원주의 의료기기 관련 산업 변화를 살펴보면, 원주의 의료 산업 성장추이를 쉽게 파악할 수 있다. 1998년 10개로 시작한 기업체 수는 2000년 21개, 2003년 46개, 2006년 62개, 2009년 90개, 2012년 111개로 늘어났다. 고용자 수 또한 1998년 14명에서 2000년 213명, 2003년 521명,

2006년 1,845명, 2009년 2,520명, 2012년 3,548명으로 크게 증가하였다. 관련 산업의 생산 규모(매출액)는 2000년 274억 원에서 2006년 3106억 원, 2009년 3801억 원, 2012년 5761억 원으로 비약적으로 성장하였다. 수출액 또한 200년 100만 달러를 시작으로 2003년 1500만 달러, 2006년 2억 4100만 달러, 2009년 2억 5600만 달러, 2012년 4억 1900만 달러로 증가하였다.

원주 의료기기 산업 클러스터는 지방자치단체와 대학이 협력해 만들어 낸 합작품이다. 원주는 정부에서 추진한 테크노밸리 사업지구에 선정되지는 못했다. 그래서 원주시는 중앙정부의 지원이 없는 상황에서 자체적으로 의료기기 관련 산업을 육성하기 위해 연세대학교 원주캠퍼스 의공학연구소와 협정을 맺었다. 1998년 5월에는 의료기기와 관련된 벤처기업과 연구소가 활동할 수 있는 '원주 의료기기 창업보육센터'가 원주시 흥업면 보건지소를 리모델링한 건물에 만들어졌다. 당시 김기열 원주시장이 시비 1억 6000만 원을 투입해 200평 규모의 창업보육센터가 문을 열게 되었다(www.chosun.com).

원주시 흥업면에 창업보육센터가 만들어지기 전까지 원주에는 의료기기 관련 기업이 전무하였다. 창업보육센터에 메디아나, 바이오트론을 비롯한 10개 벤처기업이 최초로 입주하면서 원주의 의료기기 산업 역사가 시작된 것이다. 보건소 건물에서 시작한 창업보육센터는 의료기기 산업 클러스터 구축 사업의 모태 역할을 톡톡히 하였다. 창업보육센터에 입주한 벤처기업들이 성장함에 따라 원주시는 1999년 10월 태장동에 위치한 농공단지에 임대형 공장을 마련하였다. 시비 35억 원을 투입하여 3,000평 규모의 의료기기산업기술단지를 만들어 18개의 업체를 입주시켰다(www.chosun.com). 그리고 연세대학교 원주캠퍼스 의공학연구소가 당시의 산업자원부(현 산업통상자원부)로부터 첨단의료기기 기술혁신센터(TIC)로 선정되면서 의료기기 관련 벤처기업이 원주로 이전하는 데 중요한 계기를 제공하였다.

　의료기기 관련 기업이 늘어나면서 2003년 8월에 원주시와 중앙정부의 재정 지원으로 원주의료기기테크노밸리가 설립되었다. 원주의료기기테크노밸리는 산학연 협력을 통한 연구 개발과 기술, 제품 인허가, 시제품 제작, 국내외 마케팅 등에 관한 지원뿐만 아니라 임상 시험 및 창업 보육 공간 제공, 생산 공장 임대, 전용공단 분양 등의 업무 수행을 통해 의료기기 산업 클러스터의 중심적인 역할을 수행하고 있다. 2002년부터 시작된 문막읍 동화리의 동화의료기기전문단지(조성면적: 332,000m²)가 2005년 3월에 준공되어 현재는 27개 업체가 입주해 있고, 974명의 순수 고용을 창출하고 있다. 또한 2005년 4월에는 정부에 의해 원주첨단의료건강산업특구로 지정되었고, 한방의료기기산업진흥센터(2006년 12월)와 첨단의료기기벤처센터(2007년 10월)도 건립되었다. 현재 원주는 원주의료기기테크노밸리를 중심으로 창업보육센터, 전용공장 및 산업기술단지, 대학 및 기업부설 연구소, 의료기기종합지원센터 등이 효율적인 산학연 협력을 통해 클러스터를 뿌리내리고 있다.

　원주를 우리나라 의료 산업을 선도하는 도시로 육성시킨 주체는 원주시이지만, 연세대학교 원주캠퍼스 의공학과와 윤형로 교수의 헌신적인 노력이 없었다면 의료기기 산업 클러스터 구축은 불가능했을 것이다. 왜냐하면 의공학과는 원주에 의료기기라는 새로운 산업을 소개한 주체였고, 동시에 의료기기와 관련된 연구와 생산 활동을 잉태시킨 인큐베이터였기 때문이다. 특히 윤형로 교수가 없었다면, 원주 의료기기 관련 산업의 클러스터는 요원했을 것이 분명하다. 최근의 언론 보도에는 윤형로 교수의 이런 역할이 잘 드러나 있다. 윤형로 교수는 원주가 의료기기 산업을 육성하기 위해 최초로 만든 기관인 창업보육센터의 설립 주역이었다. 클러스터 구축 과정에서 대학과 관련 전문가의 역할이 얼마나 중요한 몫을 차지한지를 보여 주는 중요한 사례이다.

"원주 의료기기 클러스터의 '산파' 윤형로(64) 연세대 원주캠퍼스 의공학과 교수는 '한국의 프레드 터먼'으로 불린다. …… 지난 19일 원주에서 만난 윤교수는 "얼마 전까지도 '의공학'을 가르친다고 하면 '옷만드는 학과냐'는 소리를 듣기 일쑤였다"며 원주가 의료기기 산업 메카로 발돋음하기까지 거쳐 온 험난한 과정을 말했다. 1998년 원주시와 함께 본격적으로 의료벤처기업을 세워 나갔지만, 정부 관계자와 투자자들의 무관심에 숱하게 좌절했다. "당시 산업자원부와 보건복지부 등을 찾아다니며 지원을 요청했지만 '강원도에서 무슨 사업을 하느냐'며 문전박대만 당했어요. 결국 제자들과 함께 낮에는 투자자들을 만나고 밤에는 기술 개발 연구를 하는 '투 잡'을 하며 공장 유치부터 투자금 모금까지 하나씩 헤쳐 나갔지요."("조선일보", 2013년 11월 23일자)

홍업면 보건소 건물에서 시작해서 우리나라 최대 규모의 의료 산업을 일으킨 원주 지역은 원주시와 연세대학교 원주캠퍼스의 관학 협력이 만들어 낸 성공 사례이다. 동시에 원주 의료기기 산업 클러스터 구축은 지방정부의 아이디어로 시작하여 중앙정부의 지원을 이끌어 내고 관련 기업과 연구소를 유치한 대표적인 사례이다. 동시에 지역 발전과 일자리 창출의 주체는 지방정부와 경쟁력을 가진 기업체의 몫이라는 사실도 웅변적으로 보여 주고 있다.

- 광주상의, 제379호(2013)

50

서남권 조선 산업 클러스터로 성장하는
대불국가산단

　전라남도 영암군 삼호면 나불리·난전리 일원에 위치해 있는 대불산단은 1989년 공사를 시작하여 1997년에 준공된 국가산단이다. 현재 대불산단에는 운송장비, 기계, 철강, 비철금속 등 약 320여 개 업체가 입주해 있다. 특히 전라남도가 2004년부터 조선 산업을 전라남도의 전략 산업으로 선정한 이후, 관련 기업 유치, 선박설계시스템 구축, 중소조선연구원 및 한국조선해양기자재연구원 등의 전문 기관이 산단 내에 둥지를 틀면서 대불산단은 조선 산업 클러스터를 구축해 우리나라 서남권의 조선 산업을 선도하는 핵심 기지 역할을 하고 있다.

　대불산단은 서남권 개발을 통한 국토의 균형 발전과 중국·동남아시아 시장 진출을 위한 전진기지로 육성하기 위해 조성된 국가산단이다. 광주·전라남도 지역에는 7개의 국가산업단지가 위치해 있다. 광주에는 첨단산단과 빛그린산단이 지정되어 있다. 전라남도에는 석유화학 중심의 여수국가산단, 제철 관련 공장이 주로 입지한 광양국가산단, 대불산단, 삼일자원비축단지 등 4개가 있다. 현재 공사가 진행 중인 빛그린산단과 석유 비축 기지 역할을 하는 삼일단지를 제외하면, 생산 활동을 하고 있는 국가산단은 5개이다. 이들 국가산단 중에서 비교적 늦게 지정되었고, 최근에 활성화된 곳이 대불산단이다.

대불산단은 조선 산업의 활황에 힘입어 비교적 최근에 활성화되었지만, 조성과 개발 과정의 역사는 꽤 오래되었다. 1980년대에 접어들면서 국토 및 지역개발에 관심을 가진 일부 전문가들이 대중국 교류를 고려한 서해안 지역의 개발 필요성을 강조했다. 서해안 개발의 필요성과 타당성에 주목한 목포상공회의소는 낙후된 서남권 발전을 위해 목포에 임해형 국가공단을 조성해야 한다는 목소리를 내기 시작했다. 그리고 1984년 9월에 목포상공회의소는 영산호 주변 대불 간척지를 임해공단 및 제3수출 지역으로 지정해 줄 것을 당시의 경제기획원, 상공부, 건설부 등에 건의했다. 하지만 목포상공회의소의 건의는 수용되지 않았다. 목포상공회의소는 1986년 3월에 임해공단 필요성을 다시 중앙정부에 건의했고, 전라남도 또한 목포상공회의소의 주장을 수용하여 임해공단 추진을 위해 농업용지로 지정된 대불간척지의 용도 변경을 농림수산부에 건의했다. 그렇지만 농림수산부는 농지 조성을 위해 국제부흥개발은행(International Bank for Reconstruction and Development, IBRD) 차관을 도입해 조성한 간척지를 공업용지로 변경할 수 없다고 반대하여 임해공단 조성계획은 수포로 돌아갔다("매일경제", 1987년 5월 12일자).

한편, 당시의 정부(건설부)는 상대적으로 낙후되고 공업화가 늦은 서해안 지역에 공장을 유치하여 지역 발전을 꾀하겠다는 구상을 1987년 초부터 가지고 있었다. 그리고 당시의 건설부는 충청남도의 아산신항 개발을 필두로 군산, 장항, 목포 대불간척지에 공단을 조성하는 구상을 대통령에게 보고했다. 하지만 건설부의 이런 구상이 정책화되지는 못했다. 대불산단 개발 구상을 재점화시킨 동인은 제13대 대통령 선거였다. 당시 민주정의당 노태우 대통령 후보가 1987년 11월 21일 전라남도 지역 유세에서 "목포 대불간척지 240만 평에 임해공업단지를 조성하겠다"는 공약을 발표하면서 대불산단 개발 구상이 표면화되었다. 그후, 1988년 4월 광주를 방문한 당시의 노태우 대통령이 대불산단 조성 공약을 지키겠다는 약속을 하면서 구체화되기 시작했다.

대불산단 개발 방안은 1988년 5월 25일 열린 경제 부처 차관회의에서 결정되었다. 이 회의에서 서해안 지역의 개발을 촉진하고 지방의 산업 기반을 확충하기 위한 목적으로 대불간척지 240만 평을 산업 기지로 지정하여 임해공단으로 개발하는 방안이 확정되었다. 대불간척지를 산단으로 지정·개발하려는 초기의 구상에는 중국과 교역 가능성이 높은 석유화학, 철강, 자동차 등의 산업을 유치하고, 2단계로 구분하여 개발하는 단계적 개발계획을 마련했다. 1단계 사업은 150만 평을 대상으로 1989년 착공하여 1992년에 완공하고, 2단계는 입지 수요를 고려하여 착공 시기를 정하는 것을 기본 방침으로 세웠다.

이러한 개발계획에 의거하여, 1988년 7월 12일 관보에 대불산업기지개발구역지정이 고시되면서(건설부고시 제338호), 본격적인 개발이 가능하게 되었다. 1989년 10월에는 삼호면 일대 13.70km²를 산업 기지로 개발하는 실시계획이 승인되었다(건설부고시 제554호). 공단조성사업은 구 한국토지개발공사(현 한국토지주택공사)가 담당하였다. 1989년 11

월에 착공한 대불산단 조성사업은 1996년 12월에 완료되었고, 1997년 8월에 산업단지가 준공되었다. 대불산단 조성에는 총공사비 4112억 원이 투입되었다. 조성된 대불산단의 총면적은 1152만 4000m²이고, 산업 시설 666만 8000m², 지원 시설 63만 2000m², 공공시설 237만 1000m², 녹지 185만 3000m² 등으로 구성되었다.

1997년 8월에 준공된 대불산단은 관련 기업의 유치가 쉽지 않았다. 왜냐하면 우리나라가 외환 위기를 겪으면서 국내 경기가 급속하게 냉각되어 산단 입주를 희망하는 기업이 거의 없었기 때문이다. 특히 1992년 조선소 건설을 시작으로 1996년에 제1호 선박을 건조한 한라중공업(현 현대삼호중공업)이 1997년부터 시작된 IMF 구제금융의 영향으로 경영 위기를 맞으면서 대불산단의 활성화 또한 지연되었다. 외환 위기에 따른 투자 기업의 외면으로 공장용지가 미분양되면서 대불산단은 한동안 애물단지 취급을 받았다. 대불산단 투자 활성화를 위해 정부는 2001년 8월에 외국인기업전용단지를 추가로 지정하였고, 2002년 11월에는 자유무역지역을 지정하였다. 그럼에도 불구하고 공장용지 분양은 여의치 않았다.

하지만 2000년대 중반 세계적인 조선 산업의 호황에 힘입어 대불산단에는 커다란 변화가 발생했다. 조선 산업 활황으로 공장용지가 빠르게 분양되면서 우리나라 서해안의 최대 조선블록단지로 재탄생하게 된 것이다. 실제로 대불산단 분양률은 2002년 46.3%(138개사), 2004년 54%(169개사) 정도였다. 그러나 2005년부터 분양이 급속하게 증가하여 2005년 70.4%(215개사), 2006년 92.2%(264개사), 2007년 100%(296개사)가 되었다. 운송장비 · 조립금속 · 비금속 · 음식료 등의 업종이 입주하였고, 조선블록공장이 입주 기업의 대부분을 차지했다. 선박블록 제조업체들의 매출액 변화를 보면, 2004년 61개사가 1385억 원, 2006년 126개사가 2743억 원, 2007년 132개사가 4088억 원의 매출액을 기록하여, 조선 산업 관련 기업이 대불산단의 활성화를 주도했다("매일경제" 2008년 8월 2일자).

대불산단의 개발 과정과 활성화는 영암군 삼호읍의 인구 성장에 결정적인 영향을 미쳤다. 대불산단 개발 구상이 논의되던 초기인 1986년 영암군 삼호면의 인구는 10,519명이었고, 1991년에는 10,604명이었다. 그러나 대불산단에 입주하는 기업체가 늘어나면서 삼호면의 인구는 2001년 18,001명(5,993가구)으로 증가하였고, 2003년에는 20,511명(7,069가구)이 되어, 2003년 4월 1일에 면에서 읍으로 승격하였다. 읍으로 승격된 이후에도 삼호읍 인구는 꾸준히 증가하여, 2006년 21,807명(7,470가구), 2008년 24,533명(8,134가구), 2010년 25,388명(8,937가구), 그리고 2012년에 26,220명(9,384가구)이 되었다. 특히 삼호읍에서 대불산단과 인접한 용양리 인구가 크게 늘었는데, 용양리 인구는 2006년 6,184명(2,270가구)에서 2012년 10,826명(4,064가구)로 증가하였다. 대불산단이 일자리를 만들고 인구 증가를 유발한 결과이다.

대불산단은 우리나라 서남권의 대표적인 조선 산업 관련 기업의 집적지이다. 현대삼호중공업과 대한조선소를 비롯하여 중소형 조선소와 지리적으로 인접해 있기 때문에 조선기자재 및 관련 부품업체들에게 비교적 양호한 입지 조건을 제공할 수 있었다. 실제로 2012년 12월 말 현재 대불산단에 입주한 기업체수는 328개사이고, 가동업체는 295개사이다. 입주업체 전체 생산액은 약 3조 1000억 원이고, 수출액은 약 12억 원이며, 입주업체 고용 인원은 14,270명이다(한국산업기지관리공단, 2014). 현재 대불산단은 상대적으로 공업 인프라가 부족한 목포 중심의 전라남도 서남권 경제에서 중요한 역할을 차지하고 있다.

하지만 최근 대불산단에 적신호가 켜졌다. 세계적인 조선 산업 장기 침체와 중국 조선 산업의 급성장으로 조선 관련 블록공장과 부품업체들이 많은 어려움을 겪고 있기 때문이다. 대불산단의 개발과 활성화는 전라남도 서남권 경제의 중요한 동력으로 기능했다. 동시에 영암군 삼호읍 인구 증가는 물론이고, 인접한 목포시 인구 감소를 둔화시키는 데에도 결정적인 기여를 했다. 전라남도 서남권 경제의 활성화를 위해서는 대불산단이 하루 속히 침체의 늪에서 벗어나야 한다. 대안은 대불산단에 입주해 있는 조선 관련 산업의 재구조화와 고부가가치화이다. 이를 위한 지역사회의 노력이 필요하다.

- 광주상의, 제380호(2014)

제6부

지역 발전을 위한 새로운 대안

51

빛가람도시의 첫손님, 우정사업정보센터

빛가람도시에 청신호가 켜졌다. 광주·전라남도 공동혁신도시가 첫 이전 기관인 우정사업정보센터를 맞이하기 때문이다. 3월 초에 입주하는 우정사업정보센터는 빛가람도시 조성사업을 시작한 지 7년 만의 첫 성과이다.

LH가 중심이 되어 조성하는 빛가람도시는 전국 10개 혁신도시 중에서 가장 모범적인 사례로 평가받고 있다. 222만 평으로 혁신도시 중에서 면적이 가장 크지만 광주와 전라남도가 공동으로 혁신도시를 만들고 있고, 나주시를 비롯한 인접한 지방자치단체와 주민들이 적극 협조하기 때문이다.

2007년 시작된 혁신도시 건설은 그동안 우여곡절이 많았다. 이전 기관들의 이전 계획 비협조, 한국전력공사(이하 '한전')의 신청사 착공 지연, 일부 이전 기관의 통폐합 등으로 순항 여부가 불투명했다. 하지만 2011년 11월 한전의 청사 착공으로 건설 사업은 탄력을 받았다. 부동산 경기 침체에도 불구하고 토지 분양 실적도 비교적 양호했다. 현재 빛가람도시 조성 사업은 순항 중이다. 우정사업정보센터 첫 입주가 좋은 증거이다.

　우정사업정보센터 입주로 지방자치단체와 관계자들은 바빠졌다. 국
토부(현 국토교통부), 전라남도와 나주시, LH를 비롯한 사업 시행자는
혁신도시를 작동시키기 위해 심혈을 기울이고 있다. 나주시는 혁신도
시로 출퇴근하는 직원들의 교통 편의를 위해 3월부터 시내버스를 운행
한다. 경찰은 혁신도시에 이동파출소를 설치하는 치안 대책도 마련했
다. 그럼에도 불구하고 세종시 사례처럼, 우정사업정보센터 직원들은
많은 불편을 겪을 것이 뻔하다. 아파트를 비롯한 주거 시설, 학교·식당
등 생활 편익 시설의 부족하기 때문이다. 문제는 이런 편익 시설을 갖
추는 데 많은 시간이 걸린다는 점이다.

　다행스럽게 주거 문제 해결을 위해 나주시는 혁신도시 인근에 원
룸을 알선해 주는 지원 활동을 펼치고 있다. 영·유아 자녀 입학을 위
해 공립어린이집 정원도 증원하고 있다. LH는 내년 초 입주를 목표로
1,200여 세대의 아파트를 짓고 있다. 전라남도 교육청이 유치원과 초·
중·고등학교를 빨리 개교하면, 주거와 학교 문제가 어느 정도 해결될
것이다. 현재 혁신도시의 상업 용지, 근린 생활 용지, 단독 택지를 매입
한 사람들의 건축 문의가 쇄도하고 있다. 봄부터 건축이 행해지면, 마
트, 식당 등 생활 편익 시설도 개선될 것이다.

　지역사회는 우정사업정보센터가 지역 경제에 미칠 효과를 주시하고
있다. 물론 직원 수가 적기 때문에 효과는 크지 않을 것이다. 하지만 미
묘한 변화가 벌써부터 감지된다. 나주 이창동 신축 원룸을 찾는 직원들
이 많아졌고, 광주 효천2지구 신규 분양 아파트에도 계약 문의가 증가

하고 있다고 한다. 첫술에 배부르지는 않겠지만, 우정사업정보센터 입주는 지역 경제에 작은 변화를 줄 것이 분명하다. 2015년 한전이 입주하면, 광주·전라남도의 에너지 산업 발전에 크게 기여할 것이다.

빛가람도시는 향후 지역 발전을 선도하는 핵심 동력이다. 문제는 빛가람도시가 조기에 도시 기능을 갖추는 것이다. 주거 기능 외에 기업, 학교, 연구소 등 자족적 기능을 갖춘 도시로 발전해야 한다. 이는 도시 건설을 담당한 LH를 비롯한 유관 기관만의 책무가 아니다. 중앙정부를 탓하기 전에 지역사회가 빛가람도시 조기 활성화를 위해 무엇을 할 것인가 고민해야 한다. 빛가람도시 성공 여부는 전적으로 지역사회와 주민의 몫이기 때문이다.

우정사업정보센터 입주는 빛가람도시가 '허허벌판'에서 광주·전라남도의 꿈을 담는 '상생의 도시'로 가는 길을 본격적으로 열었다는 데 의미가 있다. 우정사업정보센터의 입주는 2011년 11월 한전 기공식 이후, 혁신도시 최대의 경사이다. 우리 지역으로 이전하는 우정사업정보센터와 직원, 가족들에게 환영의 박수를 보낸다.

첫 손님인 우정사업정보센터가 생명도시와 그린에너지피아를 지향하는 빛가람도시에서 뿌리를 내릴 수 있도록 지역사회가 적극 도와주어야 한다.

- 광주일보, 2013. 02. 26.

52

나주 혁신도시와 한국전력공사

11월 2일은 나주 혁신도시에 매우 특별하고 의미 있는 날이다. 나주 혁신도시의 '알파'요 '오메가'인 한전의 신청사 기공식이 열리기 때문이다. 4만 5000평 부지에 건설되는 31층의 인텔리전트 빌딩은 오는 2014년 5월에 완공된다.

한전이 없었다면 나주 혁신도시는 존재하지 않았을 것이다. 전국의 지방자치단체들은 한전을 자기들의 혁신도시로 유치하기 위해 치열한 경쟁을 벌였다. 광주와 전라남도는 한전 유치를 위해 특별 전략을 채택했다. 나주에 공동혁신도시를 만드는 것이었다. 그 결과 한전 유치에 성공했다. 한전은 나주 혁신도시를 태생시킨 장본인이자 알파이다.

나주 혁신도시는 전국 10개 혁신도시 중에서 가장 모범적인 사례로 평가받고 있다. 규모 또한 222만 평으로 혁신도시 중에서 가장 크다. 현재 15개 이전 기관 중에서 12개 기관이 부지 매입 계약을 체결했다. 조성 공사도 순조롭게 진행 중이다. 하지만 덩치가 가장 큰 한전이 청사 건설을 하지 않아 지역민의 속을 많이 태웠다.

한전 신청사 기공식은 가슴앓이를 하던 지역민에게 최고의 처방전이

됐다. 혁신도시 순항에 반신반의하던 지역민은 나주 혁신도시가 성공할 것이라는 믿음을 가지게 됐다. 실제로 지난달 분양된 근린 생활 시설 용지가 69대 1의 입찰 경쟁률을 기록하며 순조롭게 끝난 것이 좋은 증거이다.

신청사 기공식은 이전 기관의 청사 건설을 촉진하는 촉매제가 될 것이다. 한전과 관련된 한전KDN, 한전KPS, 전력거래소 등은 연내에 신청사를 착공할 계획이다. 한전 청사 착공이 결정적인 영향을 미친 결과이다. 청사 건설 착공을 미루고 있는 10개 이전 기관도 청사 착공을 서두를 것으로 예상된다.

한전 청사 착공을 계기로 녹색 전력과 관련된 연구 개발 기반 조성도 탄력을 받을 전망이다. 한전KPS의 기술연구원, 한전의 나주통합IT센터, 한전KDN의 전력연구원 등은 나주로의 이전이 확정됐다. 이들 연구 기관과 연계된 에너지 관련 기업과 연구소가 혁신도시 내의 산학연 클러스터 부지에 입지해 신에너지 기술의 중심지로 부상할 수 있다. 한전이 이를 가능하게 할 것이 분명하다.

한전이 없는 나주 혁신도시는 '불 꺼진 항구'나 다름없다. 한전은 '그린에너지피아'를 지향하는 나주 혁신도시의 간판 기업이자 나주 혁신도시라는 기차를 끌고 가는 기관차 역할을 하고 있기 때문이다. 문제는 한전의 신청사 착공을 계기로 한전을 비롯한 이전 기관에 근무하는 직원들에게 나주 혁신도시에 오면 행복한 삶을 영위할 수 있다는 믿음을 심어 주는 것이다.

이를 위해서는 지방자치단체와 지역 주민의 노력이 무엇보다 중요하다. 혁신도시가 신도시이기 때문에 물리적인 시설에는 문제가 없을 것이다. 이전 기관 종사자와 가족들이 혁신도시와 주변 도시로 이사해 살고 싶도록 유도하는 지역사회의 분위기를 만드는 것이다. 특히 우수한 교육 환경의 조성은 아무리 강조해도 지나치지 않다. '이전 기관 사랑 운동'을 전개하는 것도 하나의 대안이 될 수 있다.

광주와 전라남도가 공동으로 만들고 있는 나주 혁신도시는 한전 덕분에 탄생했다. 한전이 없었다면 광주와 전라남도에 각각의 혁신도시가 생겼을 것이다. 혁신도시의 조기 활성화는 한전의 역할에 달렸다. 에너지 관련 산업의 기반 구축과 육성 또한 마찬가지이다. 그래서 한전은 나주 혁신도시의 '알파'요 '오메가'이다.

한전의 시청사 기공식을 축하하면서 31층 신청사가 완공되는 2014년을 기대해 본다.

- 국민일보, 2011. 11. 04.

53

글로벌 경쟁의 알곡, 광역경제권

세계 각국은 급변하는 세계경제에서 국가 경쟁력을 높이기 위해 광역경제권 정책을 채택하고 있다. 광역경제권이란 지역 발전을 위해 지리적으로 인접한 2개 이상의 지방정부가 경제활동의 연계성과 보완성을 고려하여 행정구역을 초월해 설정한 개발권역을 말한다.

프랑스는 96개의 데파르트망(département, 도)을 22개 레지옹(région, 광역경제권)으로 개편했다. 영국은 42개 카운티를 9개 광역계획권으로 묶어 지역개발청(Regional Development Agencies, RDAs)을 설립했다. 독일은 16개 주를 11개 대도시권(city-region)으로 재편했다. 일본은 47개 광역자치단체를 8개 광역권으로 설정했다. 미국도 국가 성장 동력으로 11개 광역경제권을 구상하고 있다.

선진국들이 광역경제권 설정과 육성으로 지역 정책을 전환하는 중요한 이유는 글로벌 경쟁의 핵심 단위로 지역이 강조되기 때문이다. 초국적기업들이 기업하기 좋은 지역에 투자하기 때문에 한국과 중국, 일본이 경쟁하는 것이 아니라 상해경제권과 우리나라의 수도권이, 일본 규슈권과 우리나라의 동남권(부산광역시, 울산광역시, 경상남도)이 경쟁하고 있다.

따라서 세계 일부 지역은 인접한 지역과의 연계 및 협력을 통해 규모의 경제와 범위의 경제가 주는 이점을 누리기 위해 행정구역의 확대 개편과 경제 공간의 광역화를 통해 몸집을 키우고 있다. 22개 레지옹을 설정해 육성한 프랑스가 이를 다시 6개의 초광역경제권으로 묶기 위한 논의를 하고 있는 것도 이런 맥락이다.

하지만 우리나라는 100년 전에 획정된 행정구역에 매몰되어 광역경제권 육성이 어려웠다. 광역시도는 인접한 지방자치단체와 협력·연대하기보다는 경쟁하고 차별화하기에 바빴다. 중앙정부 또한 시도별 나눠 주기식 분산 투자로 막대한 재정 투자에도 불구하고 지역의 특화 발전을 꾀하지 못했다. 특히 KTX 개통으로 전국이 반나절 생활권으로 변했고, 광역 행정과 서비스의 수요가 증대되고 있지만, 광역경제권 설정은 외면되었다.

MB정부 지역 발전 정책의 핵심인 광역경제권은 이런 배경에서 등장했다. 정부는 16개 시도의 행정구역을 초월해 5+2 광역경제권을 설정하고 권역별 특성화와 지역 간 연계·협력 사업을 도모하고 있다. 광역경제권 활성화를 위해 선도 산업 육성, 인재 양성 사업, 30대 선도 프로젝트, 공공 기관 지방 이전 등도 추진하고 있다.

MB정부가 도입한 광역경제권은 우리나라 지역 발전 정책 역사에서 중요한 의미를 가진다. 하지만 광역경제권 추진이 2년밖에 되지 않아 구체적인 성과를 도출하는 것은 무리이다. 그러나 행정구역의 칸막이에서 벗어나 인접한 지방자치단체들이 협력하고 연계하면 지역 경쟁력을 높일 수 있다는 인식을 심어 준 것은 큰 성과이다. 대구와 광주가 협력하는 '달빛동맹,' 전라남도 동부 지역과 경상남도 서부 지역 9개 시·군이 만든 '남중권발전행정협의회'도 좋은 사례이다.

　광역경제권 육성은 글로벌 트렌드이다. 따라서 광역경제권의 뿌리내림을 위한 중앙정부와 지방자치단체의 노력은 아무리 강조해도 지나치지 않다. 차제에 수도권·충청권·강원권을 묶은 중부경제권과 호남권·동남권·대경권을 묶은 남부경제권을 세계와 경쟁하는 글로벌 경제권으로 육성하는 것도 기대해 본다.

- 위클리공감, 2011. 06. 08.

54

주민주식회사, 새로운 일자리 창출 전략

일반적으로 지역 경제를 활성화시키는 전략에는 여러 가지가 있다. 대규모 사회간접자본(Social Overhead Capital, SOC) 건설, 새로운 공장 유치, 기존 기업의 투자 확대와 생산 증설, 외부 자본과 노동의 이전, 지방자치단체의 정책 등이 그것이다. 이들 전략의 공통된 목표는 새로운 일자리를 만들어 지역민의 고용과 소득을 증대하는 것이다.

일자리 창출과 관련하여 지난 3월 4일에 열린 청와대의 제3차 국가고용전략회의에서 이명흠 장흥군수는 '장흥무산김주식회사'를 소개했다. 남도의 시골에서 새로운 일자리를 만들어 낸 '장흥무산김(주)'의 사례는 회의에 참석한 중앙 부처와 지방자치단체 관계자의 이목을 집중시켰다.

'장흥무산김(주)'은 지역 주민이 출자해 만든 회사이다. 주민이 주주이고, 종업원이며 경영자이다. 지역 주민의 힘으로 회사가 설립됐고 새로운 일자리가 만들어졌다. 대기업이나 외부 투자자들이 참여하지 않기 때문에 회사 이익이 외부 지역으로 유출되지 않는다. 회사가 수익을 내면, 이익은 주주인 주민과 지역으로 돌아간다. 이를 '주민주식회사'

라고 한다.

　주민주식회사의 대표적인 사례로 일본 도쿄 아다치 구(足立區)의 '주식회사 아모르도와(www.amorutowa.co.jp)'가 손꼽힌다. 도와긴자(東和銀座) 상점가에 위치한 상점 주인들이 조합원으로 참여해 1990년 설립한 회사이다. 역세권 재개발과 대형 유통업체의 등장으로 상점가의 기능이 쇠퇴하자 이를 방지하고 상점가 재활성화를 위해 조합 형태의 회사를 만들었다. 병원 식당과 매점 운영, 학교와 보육원 급식, 고령자를 위한 도시락 택배, 대형 점포 청소 등의 사업을 하고 있다.

　'아모르도와'는 현재 200여 명의 지역 주민을 고용하고 있다. 2000년 이후 회사 경영이 안정되면서, 회사 이익금은 상점가 활성화와 주민 복지에 재투자되고 있다. 상점가 활성화를 위해 적자 상점 운영비의 일부를 지원하며, 폐업한 상점을 활용하여 아이들의 방과 후 교실도 운영한다. '아모르도와'는 도와긴자 상점가 주민들의 열정과 협력으로 일자리를 만든 성공 사례이다.

　강원도 평창군 대관령면 용산리 주민 91명은 2009년 '용산주민주식회사(자본금 9400만 원)'를 설립했다. 회사는 알펜시아리조트 내의 스키장에서 리프트 운영, 제설, 안전, 스키 교육 등을 담당한다. 회사 주주인 주민 대부분이 스키 강사 자격증과 안전 요원 자격증을 보유하고 있기 때문이다("서울신문" 2009년 11월 12일자). 알펜시아리조트는 주민이 만든 회사를 활용해 지역에 일자리를 제공했고, 주민들 또한 겨울에 새로운 일자리를 얻게 된 윈윈(win-win) 사례이다.

　전라남도에도 주민주식회사가 여럿 있다. 전라남도는 2008년부터

수산업의 자생력 확보와 어업인의 소득 증대를 위해 김, 전복, 멸치, 매생이, 굴 등 전라남도를 대표하는 18개 수산물의 주민 기업화를 추진하고 있다. 이 과정에서 탄생한 제1호 주민 기업이 바로 '장흥무산김(주)'이다.

'장흥무산김(주)'은 전국 최초로 김 양식 어민이 설립한 회사이다. 어민들은 김 양식에 오랫동안 염산을 사용했다. 염산을 지속적으로 사용하면 연안 생태계를 오염시키고 완제품에 대해 소비자의 불신을 받는 것이 주요 문제였다. 그래서 장흥의 김 양식 어민들은 2008년부터 염산을 사용하지 않는 무산(無酸)김을 양식하기로 합의했고, 그 결과가 장흥무산김(주)이다.

'장흥무산김(주)'의 설립 과정은 쉽지 않았지만, 110명의 어민이 출자한 6억 3500만 원의 자본금으로 2009년 2월에 출범했다. 장흥군 관산읍에 위치한 회사에서는 염산을 사용하지 않는 여러 종류의 김과 파래돌김을 생산하여 인터넷 판매(www.musangim.com)를 하고 있다. 회사는 양식어가의 소득 증대에 결정적인 기여를 했다. 또한 오는 10월에 조미김 가공 공장이 완공되면 직간접 고용을 포함해 300여 명의 일자리가 새롭게 창출될 것으로 예상된다.

'완도전복주식회사'는 2009년 3월에 설립됐다. 전국 생산량의 97%를 차지하는 전라남도 전복의 효율적인 생산과 유통을 통해 어민 소득 향상을 꾀하는 것이 회사의 주요 목적이다. 완도 전복에는 양식어업인 외에 완도군, 수협, 유통업자 등이 다양하게 참여하고 있는 것이 특징이다.

여수시 화양만 용주리에 위치한 '여수녹색멸치주식회사'는 14명의 어민이 중심이 되어 2009년 10월에 설립됐다. 남해안은 멸치 어장의 보고이다. 여수 어민들이 어획한 '불배멸치'는 경상남도의 '죽방멸치'에 비해 손색이 없다. 하지만 유통상의 문제로 여수멸치는 상대적으로 손해를 많이 보았다. 그래서 이런 손해를 극복하고 여수멸치의 브랜드화를 위해 여수멸치의 어획, 선별, 가공, 유통을 전담하는 회사가 출범하게 됐다.

2009년 11월에는 '신안새우젓주식회사'가, 그리고 2010년 초에는 '신안우럭주식회사'도 설립됐다. 전라남도의 계획이 순조롭게 진행된다면 2011년에 매생이, 낙지, 홍합, 홍어 등 전라남도의 대표적인 수산물의 생산과 유통을 담당하는 회사가 등장할 것이다. 나아가 향후에는 고흥 유자, 무안 연 등 지역 특산물과 향토 자원을 활용한 다양한 주민주식회사가 설립되어 일자리 창출과 소득 증대에 기여할 것이다.

지금까지 지역 주민의 일자리 창출과 소득 증대, 지역 경제 활성화는 중앙정부나 지방정부, 지역 기업과 기업인의 몫이었다. 특히 기업 설립은 기업인과 전문 투자가의 고유한 영역이었다. 하지만 '장흥무산김(주)'을 비롯한 다양한 사례들은 다르다. 기업인이 아닌 지역 주민이 주체가 되어 기업을 설립하고 운영하는 방식이다.

주민주식회사는 지역사회와 지역 자원에 기반하여 사업을 수행하고 지역 주민이 참여한다는 점에서 기존의 '조합'과 유사한 속성이 있다. 그러나 기존의 공공 부문이나 민간 영리 기업이 해결하지 못한 문제를 주민이 주체가 되어 해결하고 수익을 창출하며 지역 발전에 기여한다는 것이 다르다. 지역의 연고 자원과 무관한 새로운 창조적 자원을 발굴하고 이를 사업화하는 점도 그렇다.

지역 발전을 위한 필수적인 요소는 발전의 동인(動因)을 외부가 아닌 내부에서 발굴하는 것이다. 축적된 지역 자본, 혁신적인 지역 기업, 친기업적인 지역 주민이 구축되면, 그 지역에서는 일자리가 넘쳐 나고 경제가 활성화된다. 이는 지역 발전의 기본 프로세스이다.

지역 주민이 기업 설립의 주체가 되고, 주민주식회사에 적극 참여한다면, 이는 지역 경제 활성화에 금상첨화이다. '장흥무산김(주)'과 같은 많은 주민주식회사가 설립되길 기대해 본다.

- 광주상의, 제366호(2010)

55

지방은행, 지역 발전의 동반자

지난 7월 30일 우리금융의 자회사인 광주은행의 분리 매각 방안이 발표되면서 '광주은행을 지방은행으로, 향토은행으로 되돌리는 문제'가 지역사회 최대의 화두로 등장하고 있다.

대부분의 지역 주민과 상공인들은 광주은행이 지방은행으로 되돌아오고, 지역사회와 함께하는 은행으로 새롭게 태어나길 바라고 있다. 왜냐하면 지방은행은 지역의 기업 활동에 없어서는 안 될 필수적인 존재이고, 지역 경제와 지역 발전의 동반자 역할을 하기 때문이다. 실제로 시중은행(commercial bank)과 달리 지방은행(local bank)이 지역 발전과 지역 경제 활성화를 선도한 사례는 매우 많다.

교토은행은 교토(京都)를 본점으로 하는 지방은행이다. 1941년 창립된 이후 지금까지 '지역사회 번영에 봉사하는 은행'이라는 경영 이념으로 기업 지원을 통해 지역 산업 발전에 크게 공헌하고 있다. 은행은 성장 잠재력이 높은 중소기업을 발굴하여 필요한 자금을 지원했고, 은행의 금융 지원을 받아 세계적으로 성장한 기업이 은행의 대주주가 되어 다시 은행의 성장을 도와주는 기업과 은행의 상생이 그것이다. 하드디스크 세계 1위 기업으로 성장한 니혼덴산(日本電産), 세계 최고의 정밀 측정기기 생산업체인 호리바제작소(堀場製作所)가 대표적인 사례이다.

일본 요코하마은행은 1998년과 1999년에 공적 자금을 지원받은 부실한 지방은행이었다. 요코하마은행은 대기업 중심의 거래와 거래 기업의 부실화로 인해 위기를 맞았다. 하지만 공적 자금이 투입된 이후, 대기업보다 요코하마(橫浜)에 위치한 견실한 중소기업과 벤처 창업을 적극 지원하여 본래의 지방은행으로 탈바꿈하면서 정상화됐다. 특히 기업의 인수 합병에 대한 노하우를 기업에게 제공하여 지역 내 기업들이 합병을 통해 성장하도록 유도했고, 이는 지역 경제 활성화로 이어졌다("매일신문", 2005년 1월 1일자).

세계 패션의 도시인 밀라노에는 중소기업을 집중 지원하는 밀라노은행이 있다. 이 은행은 주로 지역 내 섬유 기업과 활발하게 거래하며, 지역에서 조성된 자금의 80%를 지역에 재투자하고 있다. 지방정부와 공동으로 섬유 패션 관련 중소기업을 지원해 밀라노 패션 산업의 경쟁력을 강화하고 있는 것이다("매일신문", 2005년 1월 22일자). 1865년 설립된 이 은행은 지배 구조의 문제점에도 불구하고 밀라노 패션 산업과 지역 경제를 선도하는 지방은행의 모델을 보여 주고 있다.

실리콘밸리은행은 실리콘밸리를 세계적인 첨단 사업의 메카로 만든 대표적 금융 기관 중의 하나이다. 1983년에 설립되었고, 캘리포니아 주 샌타클래라에 본사를 둔 지방은행으로 출발했지만, 현재는 자산 규모 81억 달러의 우량 은행으로 성장했다. 미국 금융업계는 실리콘밸리은행을 2008년 '가장 우수한 은행'으로 선정하기도 했다. 은행 고객의

50% 정도가 실리콘밸리에 위치한 기업으로 첨단 산업, 벤처기업 등과 주로 거래하고 있다. 그뿐만 아니라 이 은행은 나파밸리 와이너리(Napa valley winery)에 대한 금융 지원을 통해 나파밸리 와인 산업이 캘리포니아 주의 핵심 산업으로 성장하는 데 크게 기여했다.

도쿄 북쪽의 사이타마 현 사이타마 시에 본점이 있는 무사시노(武蔵野)은행은 종업원 2,171명, 총자산 3조 5000억 엔(2010년 3월 기준) 규모의 지방은행이다. 이 은행은 2005년부터 기업의 성장 단계에 적합한 금융 지원과 담보가 아닌 기업 실적을 중시한 융자 방식을 적용해 지역의 중소기업을 적극 돕고 있다. 2007년에는 기업 대출금의 90.4%가 중소기업에 대출되었고, 전체 대출금의 89.3%가 지역 내로 대출되었다. 지역 주민과 기업의 사랑을 받고 있는 무사시노은행은 일본에서 지역 밀착형 금융을 실현하는 가장 모범적인 지방은행으로 손꼽힌다.

이러한 외국 사례를 통해 지방은행이 지역사회의 발전과 지역 경제 활성화에 어떠한 역할과 기여를 하는지를 짐작할 수 있다. 지방은행이 지역 발전에 중요한 역할을 하기 때문에 정부는 금융의 지역적 분산과 지역 경제에 필요한 자금을 공급할 목적으로 1967년부터 지방은행을 설립했다. 그동안 10개의 지방은행이 설립됐지만, 퇴출과 합병 등을 거쳐 살아남은 지방은행은 부산은행, 대구은행, 전북은행 등 3개뿐이다. 광주은행과 경남은행이 우리금융지주로, 제주은행이 신한금융지주로 편입됐기 때문이다. 그래서 광주·전라남도 지역은 지방은행을 가지지 못한 지역으로 전락하고 말았다.

광주은행은 은행법에 의해 광주·전라남도를 영업 구역으로 설립된 지방은행이 분명하다. 본점도 지역 내에 위치해 있다. 그럼에도 불구하고 광주·전라남도가 지방은행을 보유하지 못하고 있다는 근거는 무엇인가? 그것은 다름 아닌 광주은행이 지방은행 구실을 제대로 못하기 때문이다. 실제로 광주은행이 2001년부터 우리은행의 지주 회사인 우리금융의 자회사로 편입되면서 지방은행 설립의 본래 취지에 부합하지 못하고 있는 실정이다.

주지하는 것과 같이, 지방은행 설립 취지 중의 하나는 지역에서 활동하는 중소기업에게 총여신의 70%를 지원하는 것이다. 하지만 광주은행의 중소기업 대출 비중(2009년 말 기준)은 59.51%로, 부산은행(70.05%), 대구은행(63.59%), 전북은행(61.42%)보다 낮다. 지역 내 중소기업의 열악한 재정 상태가 대출의 걸림돌로 작용했지만, 보다 큰 문제는 중소기업보다 소매 금융에 치중한 결과라고 할 수 있다. 그뿐만 아니라 광주은행의 기업 이익이 지역사회와 지역의 중소기업으로 환류되지 못하고 있고, 지역 발전을 위한 대형 지역개발 프로젝트의 추진에도 한계가 있는 것 또한 부인할 수 없는 사실이다.

광주은행을 지역 자본이 인수해야 한다고 주장하는 지역민과 기업인들의 논리는 간단하다. 그것은 다름 아닌 광주은행을 지방은행의 설립 취지에 부합하도록 지역사회에 되돌려 달라는 것이다. 그래야만 교토은행, 요코하마은행, 밀라노은행, 실리콘밸리은행, 무사시노은행 등과 같이 광주은행이 명실상부한 지방은행으로 기능하여 지역 발전의 동반자 역할을 할 수 있기 때문이다.

지역사회의 지방은행은 흔히 우리 몸의 핏줄에 비유된다. 핏줄이 없으면 혈액을 공급받을 수 없는 것처럼, 지방은행이 없는 광주·전라남도의 지역 경제는 상상할 수 없다. 광주은행이 지역 발전의 동반자가 될 수 있도록, 지역민 모두의 관심과 노력을 촉구한다.

— 광주상의, 제367호(2010)

56

기업과 기업인, 지역 발전의 원동력

미국 뉴욕 주의 남서부 시먼 강 연안에 위치한 코닝(Corning) 시의 상공회의소 홈페이지(www.corningny.com)를 방문하면, 코닝 시의 역사와 함께 세계적인 특수 유리와 세라믹 기업으로 성장한 '코닝그룹'을 소개하고 있다.

우리에게 '하얀 유리접시'로 잘 알려진 코닝사가 1868년에 공장을 건설하고 유리 제품을 처음 생산한 곳이 바로 코닝 시이다. 코닝그룹은 전 세계 여러 곳에 공장을 가진 다국적 기업으로 성장했지만, 그룹 본사는 여전히 코닝에 위치해 있다.

코닝 시는 1만여 명이 살고 있는 작은 도시이다. 그럼에도 도시 경제가 활기차고 도시민의 삶의 질이 높은 이유는 코닝사 때문이다. 코닝 본사와 공장에는 4,800여 명이 일하고 있지만, 실제로 코닝 시 인구의 대부분은 코닝사 때문에 먹고산다. 또한 코닝유리박물관에는 미국 전역에서 많은 관광객이 방문하고 있고, 관광객 덕분에 핑거(Finger) 호 지역에서 생산되는 와인은 불티나게 팔리고 있다.

코닝 시와 비슷한 사례가 지난 2월 26일 기아자동차 미국 공장이 준공된 조지아 주 웨스트포인트이다. 2,000여 명이 살고 있는 전형적인 농촌 마을이었던 웨스트포인트는 10년 전부터 방직업이 쇠퇴하면서 지역 경제가 침체됐다. 그러나 연간 30만 대 생산 규모의 기아자동차 공장이 건설되면서 상황은 역전됐다.

기아자동차 공장 설립으로 웨스트포인트 시에는 많은 일자리가 생겨났다. 기아자동차가 1,100여 명을 고용했고, 부품 협력 업체가 4,000여 개, 관련 서비스 업체가 5,900여 개의 일자리를 만들었다. 2012년까지 2만 개의 신규 일자리가 창출되고 65억 달러의 지역 경제 효과가 나타날 것으로 현지 언론은 보도하고 있다.

웨스트포인트에는 새로운 호텔과 레스토랑, 한국 식당 등이 오픈했고, '기아'라고 이름을 붙인 도로도 개설됐다. 그뿐만 아니라 웨스트포인트 시의 홈페이지에는 기아자동차를 크게 소개하고 있다. 기아자동차 공장은 유령 마을로 변해 가던 웨스트포인트에 생기와 활력을 불어넣고 있다.

이와 같은 사례는 국내에도 많다. 하남산단에 위치한 삼성광주전자가 여기에 해당한다. 1989년 설립된 삼성광주전자는 2004년에 수원의 가전 생산 라인이 이전하면서 광주 지역 제조업의 중심적 역할을 수행하고 있고, 지역 경제에 많은 파급 효과를 제공하고 있다.

약 3조 원의 생산 규모를 자랑하는 삼성광주전자가 지역 경제에 미치는 효과(2006년 기준)는 다양하다. 삼성광주전자의 생산액은 광주 지역 제조업 생산액의 약 24%를 차지하는 큰 규모이고, 관련된 지역 협력 업체는 100여 개에 달한다. 삼성광주전자의 직간접 고용 또한 5만여 명에 이르며, 광주시 인구의 약 3.5%가 삼성전자와 관련돼 있다고 해도 과언이 아니다. 광주시에 납부하는 세금도 거의 200여 억 원에 달한다. 또한 삼성의 백색가전은 광주시가 야심 차게 추진하고 있는 광산업과 연계해 광주의 성장 동력이 되고 있다.

광주의 기아자동차와 금호타이어를 비롯하여 목포의 조선내화와 행남자기, 광양 지역을 기업도시로 발전시킨 포스코 광양제철소, 여수국가산단의 맏형 역할을 하는 GS칼텍스, 1,700여 명의 직접 고용과 3,000여 명의 간접 고용을 만들어 낸 LG화학 여수공장, 200여 명을 고용하는 LG화학 나주공장, 하남산단과 송암공단에서 활동하는 많은 중소기업 등도 지역에 일자리를 만들고 지역 경제 활성화와 지역 발전에 중요한 역할을 하고 있다.

일반적으로 지역 발전에 영향을 미치는 요소는 많다. 인구, 노동의 질, 사회간접자본, 지역의 역사와 문화 등 매우 다양하다. 그중에서 가장 중요한 것은 기업과 기업 활동, 그리고 기업인의 혁신 마인드이다. 왜냐하면 기업과 기업 활동은 생산과 일자리를 만들어 내는 핵심 요소이고 지역 경제를 활성화시키는 원동력이기 때문이다.

특정 지역의 경제 상황과 발전 정도를 알기 위해서는 기업활동지표를 보면 된다. 서울과 경기도, 수원, 울산, 구미 등의 지역 경제는 항상 호황이다. 이들 지역과 도시는 지역내총생산(GRDP)과 소비 지출이 다른 곳에 비해 상대적으로 높다. 이는 생산 활동에 참여하는 제조업체가 많고, 1인당 소득이 많기 때문이며 부가가치를 만들어 내는 제조업체가 많고, 일자리가 넘쳐 난다는 의미이다.

하지만 광주·전라남도 지역은 정반대이다. 광주는 전국에서 최하위 수준이다. 광주와 전라남도의 산업별 고용을 보면(2007년 기준), 제조업이 각각 27%, 34%인 반면에 서비스업은 각각 61%, 40%이다. 일자리를 창출하는 부문이 제조업이 아닌 서비스업이라는 의미이다. 제조업이 적다는 사실은 안정적인 고용 창출과 지역 경제 활성화에 가장 큰 걸림돌이다.

광주·전라남도 지역의 경제활동 참가율이 상대적으로 낮고, 고용 시장의 활성화가 낮은 이유는 제조업체가 적기 때문이다. 오늘날 산업구조에서 고부가가치를 창출하는 부문은 서비스업이지만, 안정된 일자리는 제조업이 만든다. 서비스업과 달리 제조업은 전후방 연계 효과를 통해 많은 일자리를 창출하는 속성이 있다. 삼성중공업과 대우조선해양이 입지한 경상남도 거제에 부품과 블록공장이 모여들고, 일자리가 많은 이유가 바로 여기에 있다.

코닝, 웨스트포인트, 구미, 광양, 거제 등을 활력이 넘치는 도시로 성장시킨 원동력은 일자리를 만든 기업이었다. 서비스업이 아닌 경쟁력을 가진 제조업체가 뿌리를 내렸기 때문에 가능했다. 지역에 뿌리를 내린 기업에게 지역 주민은 우호적인 사회적 환경을 조성했고, 지방자치단체는 기업 활동에 유리한 제도적 환경을 제공한 결과, 이들 도시는 현재 성장과 발전을 구가하고 있다.

기업과 기업인은 지역 발전의 필수 요소이다. 부가가치와 일자리를 만들어 내는 주체이기 때문이다. 광주가 1인당 지역내총생산이 최하인 도시, 제조업이 적은 소비도시, 기업인들이 투자를 주저하는 도시, 노사 분규가 많은 도시에서 탈피해 지속적인 발전을 모도하기 위해서는 기업과 기업인을 보호하고 육성해야 한다. 육성이 힘들면 외부에서 유치해야 한다. 일자리가 없어지면, 광주의 미래는 암울하기 때문이다.

문제는 기업과 기업인에게 '기업하기 좋은 사회적 환경'을 어떻게 제공하느냐에 달려 있다. 기업하기 좋은 환경은 중앙정부가 아닌 지역민이 만드는 것이다. 지역민의 고민과 현명한 대안을 기대해 본다.

– 광주상의, 제365호(2010)

57

지역 발전을 위한 새로운 비전이 요구된다

오늘날 기업의 화두는 인수 합병(Mergers & Acquisitions, M&A)이다. 경쟁력 강화를 위해 적대적 인수 합병도 불사한다. 세계의 주요 도시와 지역 또한 마찬가지이다. 지역 경쟁력 강화를 위해 지방정부 간 협력과 연대를 통한 권역 통합이 활발하다. 최근 지역 발전에 나타난 새로운 변화이다.

과거에는 인접한 지방자치단체의 불행이 자기 지역의 행복이었다. 하지만 오늘날에는 정반대이다. 인접한 지방자치단체가 잘 살아야 자기 지역도 발전할 수 있다. 협업과 분업이 가능하기 때문이다. 그래서 규모 경제가 가능하도록 범위를 확대하려는 경제 통합과 행정 통합이 외국에서 활발하다.

일본에서 교토와 오사카를 비롯한 인구 2400만 명의 간사이 지역은 작년 7월 광역 기구를 출범시켰고, 향후 13개 지방자치단체가 광역 연합을 만들겠다는 계획을 내놓았다. 기타큐슈 시와 시모노세키 시도 작년 5월 통합 특별시 구상을 내놓았다. 지바 현은 40개의 지방자치단체(市町村)를 10개로 재편하는 방안을 검토 중이다. 규모 경제가 가능하도록 몸집을 키우겠다는 발상이다.

이런 광역경제권 구축 움직임이 차기 정부에서 현실화될 것으로 예상된다. 이명박 당선자가 광역경제권 구축을 공약으로 발표했기 때문이다. 문제는 광역경제권 공약이 차기 정부의 일자리 창출 정책과 직결된다는 점이다.

차기 정부는 일자리 창출을 통한 선진 경제를 강조한다. 일자리를 만들기 위해서는 자본과 노동을 많이 투입하면 된다. 이것은 경제학의 기본이다. 자본과 노동의 투입을 쉽게 하기 위해서는 투자의 장애물인 규제를 풀어야 한다. 규제를 풀면 규모 경제가 가능한 지역에 투자가 몰리고, 일자리가 만들어진다. 당연히 지방이 아닌 수도권이 대상이 된다. 이것이 문제의 핵심이다.

또 다른 문제는 현재의 지방자치단체(시·군·구)가 너무 세분되어 있어 범위와 규모 경제를 도모할 수가 없다는 점이다. 10만 명 이하의 인구를 가진 지방자치단체가 수두룩하고, 지방자치단체 간 중복 투자와 경쟁은 지방 경쟁력을 약화시키는 주범이다. 이런 상태로는 광역경제권과 경쟁할 수 없고, 특히 전라남도 지역에서 이러한 현상이 심각하다. 몸집을 키울 필요가 여기에 있다.

광주나 나주가 서울이나 이천과 독자적으로 경쟁하기는 어렵기 때문에 전라남·북도와 광주가 힘을 합쳐서 서울과 경쟁하고, 중국 상하이 중심의 창장(長江)델타권, 일본 오사카 중심의 간사이권 등과 경쟁할 잠재력을 가져야 한다. 이것이 시대적 흐름이다.

그렇다면 우리의 현실은 어떤가? 광주대도시권과 광양만권은 수도권은 물론이고 동남권과의 경쟁이 불가능한 상황이다. 그러면 어떻게 할 것인가? 대안은 광역경제권 구축이다. 300만~500만 명 규모는 독자적 광역경제권으로 기능할 수 있다는 견해가 지배적이기 때문이다.

현재 광주와 전라남도가 가진 규모와 범위의 경제를 고려하면, 향후 지역 경쟁력은 더욱 떨어질 개연성이 높다. 특히 수도권, 동남권, 인천-평택 중심의 신광역권 등과 비교하면 더욱 그렇다.

세계경제의 블록화, 남중경제권의 부상, 수도권의 경쟁력, 동남권의 광역화 움직임 등을 고려하면, 광주·전라남도는 지역 발전을 위한 새로운 비전을 준비해야 한다. 광주와 전라남도의 지속 발전을 위한 선택 가능한 현실적 대안 중의 하나는 광역경제권 구축이다. 그리고 경제 통합을 넘어 행정 통합으로 확대하면 금상첨화이다.

광주·전라남도의 발전을 위해 "광주매일"이 선정한 올해의 7개 의제(agenda)는 행정구역을 초월하여 광주와 전라남도라는 동일한 생활권과 경제권에서 행해진다. 이들 사업의 효과를 지역 발전으로 유인하기 위해서는 인접한 지방자치단체 간 협력과 연대가 필수적이다.

세계경제의 흐름 속에서 광주·전라남도의 지역 발전을 위한 핵심과 비전이 무엇인지, 지역민들은 고민해 보아야 한다.

- 광주매일, 2008. 01. 01.

58

일본의 행정구역 개편 구상

최근 정치권을 중심으로 행정구역을 개편하자는 논의가 진행 중이다. 이런 흐름은 지난달 청와대에서 개최된 여야 영수회담에서도 거론됐다. 정치권에서 논의되고 있는 행정구역 개편의 기본 방향은 현재의 광역시도를 폐지하고, 대신에 3~4개의 기초자치단체를 하나로 묶어 전국을 50~70개 정도의 중규모 광역자치단체로 재편하는 것이다.

또한 여야는 오는 2010년의 지방선거 이전에 현행의 16개 광역시도와 234개 시·군·구를 통폐합해 자치단체를 현재의 3분의 1 수준으로 줄이고, 행정 계층도 중앙 - 광역 - 기초의 3단계에서 중앙 - 광역의 2단계로 축소하는 의견에 접근해 있다. 지난 28일 행정자치부(현 안전행정부)는 정부 차원에서 행정구역 통폐합을 포함한 행정 구조 개편에 대한 논의에 착수했다고 발표했다. 행정자치부의 공식적인 발표로 향후 행정구역 개편에 대한 논의가 급물살을 탈 것으로 전망된다.

향후 정치권 및 중앙정부가 행정 구조 개편 과정에 참고할 외국의 사례가 있다. 현재 일본에서 논의되고 있는 행정구역의 광역화 구상인 '도주제(都州制)'로의 개편이 그것이다. 도주제는 현재의 1도(都, 도쿄도), 1도(道, 홋카이도), 2부(府, 오사카 부, 교토 부), 43현(縣)의 행정 구조를 폐지하고, 블록별로 몇 개의 현을 통합해 홋카이도 식의 도 단위 또는 미국의 주 단위 행정 구조로 개편하자는 구상이다. 이 구상에 따르면 일본 전역은 8개 정도의 블록(도주제)으로 확대 개편될 수 있다.

고이즈미 내각은 지역 균형 발전을 위한 분권화 사업으로 올해부터 중앙정부가 지방정부에게 제공하는 보조금을 삭감하고 교부세를 감축 하는 대신 중앙정부가 가진 세원을 지방정부로 과감하게 이양하는 이른바 '삼위일체' 개혁을 실시하고 있다. 일본 정부는 올해에 약 30조 원 규모의 세원을 이양했고, 내년까지는 30조 원 정도의 보조금을 폐지 또는 삭감한다는 방침을 세웠다. 일본은 삼위일체 개혁을 통해 현재의 현을 대체하는 도주제를 도입해 지방분권화를 정착시키는 것이 최종 목표이다.

일본 정부가 현재의 현보다 행정구역이 넓은 도주제를 도입하려는 주요 이유는 지방정부의 자생력과 국제 경쟁력을 재고하려는 것이다. 즉 세방화(세계화+지방화) 시대에는 중앙정부가 지방정부를 지원·육성 하는 데 한계가 있기 때문에 행정구역의 광역화를 통해 규모 경제와 집적 이익을 확보하고, 이를 바탕으로 세계 여러 지역과 경쟁하라는 것이다. 몸집을 키워서 국제 경쟁력을 갖추자는 의도이며, 이를 실현할 대안은 현행의 여러 현을 합치는 것이 적절하다는 계산이다.

그런데 이런 일본 정부의 구상이 현실화될 조짐을 보이고 있다. 일본 언론에 따르면, 최근 규슈 지역 재계 인사의 단체인 규슈경제동우회는 오는 2018년까지 규슈와 오키나와의 8개 현을 합병해 하나의 '규슈 자치주'를 만들자는 구상을 발표했다. 그리고 이를 실현시키기 위한 도입 단계로서 2008년부터 5년간 준비 조직인 '규슈 자치주특구'를 설치하는 것도 제안했다.

규슈경제동우회의 제안대로 자치주특구가 설치되면, 자치주는 주정부와 주의회, 그리고 시정촌(市町村)의 구조를 가진다. 8개 현의 인력과 조직이 없어지는 셈이다. 규슈 지역의 현과 시정촌이 합병되면, 경비 압축 효과는 약 2조 엔이 발생하고, 규슈 전체의 재정 적자는 약 4조 5000억 엔에서 2000억 엔으로 크게 감소될 전망이다. 대단한 합병 효과가 나타날 수 있다는 분석이다.

현재 일본에서 논의되고 있는 도주제의 목표는 중앙정부가 가진 권한을 대폭 지방으로 이양해 지방정부가 자생력을 확보하고, 지방정부에 맞는 슬림하고 새로운 행정·재정 시스템을 구축하는 것이다. 그리고 도주제는 몸집을 키우는 행정구역의 광역화를 통해 규모 경제를 확보할 수 있다는 이점도 있다. 그뿐만 아니라 행정 구조의 단순화, 행정구역의 재편, 지방 분권의 뿌리내림이 모두 가능한 구상이다.

일본의 도주제 논의를 통해, 행정구역 개편은 중앙과 지방, 지방과 지방이 서로 윈윈(win-win)하고 행정의 효율성을 담보해야 한다는 것을 확인할 수 있다. 앞으로 행정자치부가 검토하고, 여야 정치권에서 논의할 우리나라의 행정구역 개편은 어떤 모습으로 전개될지 기대된다.

- 광주매일, 2005. 10. 10.

59

일본 아이치 세계박람회의 교훈

'2005 일본 아이치 세계박람회'가 대박을 터뜨리고 있다. 전 세계 121개국과 4개 국제단체가 참가했으며, 2000만 명 방문이 무난하게 예상되기 때문이다.

국제박람회기구(Bureau International des Expositions, BIE)가 5년마다 개최하는 등록박람회가 일본 아이치 현 나고야 시 동쪽에 위치한 나가쿠테 정과 도요타 시, 세토 시 등의 구릉 지역에서 지난 3월 25일 개막됐다. 오는 9월 25일 끝나는 박람회의 대주제는 '자연의 예지(Nature's Wisdom)'이고, 소주제는 우주·생명·기술, 삶의 기술과 지혜, 순환형 사회 등 세 가지이다.

세계박람회는 과학기술의 변화를 일반 대중에게 소개하고, 바람직한 미래 사회를 위한 인류의 노력을 제시하는 것이 주요 목적이다. 개최 목적에 부합하게 참가한 국가관과 기업관은 최첨단 기술이 바꿀 미래 사회를 선보였고, 과학기술과 전통문화의 결합도 시도했다.

특히 52만 평의 박람회장이 주제와 걸맞게 친환경적으로 구성된 것이 인상적이었다. 행사장은 원래의 지형과 자연경관을 그대로 이용해 건설했다. 전시관의 건설재 또한 재활용이 가능하도록 설계되었다. 건설된 각종 전시관은 행사 후에 대부분 철거해 원래의 환경을 복원시킬 예정이다.

박람회장은 일본인 특유의 국민성을 그대로 드러냈다. 정리정돈에 능한 일본인답게 행사장은 거의 완벽하게 구성되었고, 행사 스케줄은 기계적으로 진행됐다. 깨끗한 행사장, 줄을 서서 기다리는 관람객, 도우미의 친절한 태도 등은 감동받기에 충분했다.

그러나 박람회장을 관람하면서 가장 궁금했던 점은 성공 여부에 대한 평가였다. 성공한 박람회인가 아니면 실패한 이벤트인가 하는 점이었다. 왜냐하면 아이치 세계박람회의 성공 여부는 2012년 여수 세계박람회의 좋은 모델이기 때문이다.

결과적으로 아이치 세계박람회는 성공한 박람회로 평가되고 있다. 왜 성공한 박람회로 평가될까. 일본 현지 언론의 보도와 박람회 관계자들의 견해를 종합하면, 그 이유는 세 가지로 요약된다. 첫째는 2000만 명에 달하는 방문자 수이다. 개막 초기에는 1일 관람객이 3만~4만 명에 불과해 관계자들은 실패한 박람회가 되지 않을까 노심초사했다고 한다. 그러나 여름 휴가철에 관람객이 급증해 목표 관람객인 1500만 명을 무난히 돌파했고, 폐막일까지는 2000만 명 이상이 방문할 것으로 추정된다.

둘째는 각종 인프라의 확충이다. 나고야 주민의 숙원 사업이었던 '주부국제공항'이 완공되었고, 각종 인프라가 확충되었으며, 주거 환경도 정비되었다. 그 결과 나고야가 일본에서 중심지적 기능을 수행할 수 있는 토대를 확보하게 되었다.

셋째는 지역에 대한 주민의 자긍심 향상이다. 박람회 개최를 계기로 일본과 세계를 선도하는 나고야라는 사고가 주민들 사이에 형성되었고, 주민들이 지역에 강한 애착을 가지게 되었다. 이런 태도는 향후의 지역 정책 시행 과정에 긍정적인 효과를 제공할 수 있기 때문에 중요한 의미를 가진다.

그렇다면 2012년 여수 세계박람회를 유치하려는 우리에게 성공한 아이치 세계박람회가 시사하는 교훈은 무엇일까. 그것은 다름 아닌 '철저한 준비'라고 판단된다. 아이치는 1988년에 처음으로 박람회 개최 의사를 표명한 이후 16년 동안 꼼꼼하게 준비했다. 또한 중앙정부, 아이치 현민, 도요타, 민간단체 등이 적극 합심했다.

주지하는 것과 같이, 2010년 여수 세계박람회 유치가 무산된 결정적인 이유는 중앙정부의 준비가 많이 부족했기 때문이었다. 따라서 2012년 여수 세계박람회를 유치하기 위해서는 중앙정부의 적극적인 준비와 노력이 필수적이다. 누차 강조된 교통 인프라의 조기 건설과 대규모 숙박 시설의 확충은 아무리 강조해도 지나치지 않다.

아이치 세계박람회를 통해, 철저하게 준비하지 않으면 세계박람회를 성공시킬 수 없다는 평범한 사실이 새삼 확인됐다. 그러나 연정에 빠져 있는 대통령과 사회간접자본 건설에 주도권을 가지지 못한 해양수산부를 보면서 아이치의 '16년 준비'가 그저 부러울 뿐이다.

"박람회를 보지 않은 것이 차라리 좋았을 것"이라는 전라남도청 세계박람회 담당자의 농담이 귓가를 맴돈다. 2012년 여수 세계박람회의

준비 사항을 다시 체크해야 한다. 이것이 아이치 세계박람회의 교훈이
다.

- 광주매일, 2005. 09. 12.

60

소프트 인프라와 지역 발전

오늘날의 21세기를 '소프트(soft)의 시대'라고 한다. 물적 생산이나 시설 중심의 하드(hard) 시대에서, 제도나 정보의 변화와 사회적 욕구에 적응하는 성향인 소프트 시대로 전환되고 있다. 군사력과 경제력 중심의 하드 파워보다 설득과 동의를 중시하는 소프트 파워가 부각되고 있다. 우리의 일상생활도 마찬가지이다. 외부적 형식이나 구조보다는 내용과 실질을 중시한다. 컨텐츠를 강조하는 것도 같은 이치이다.

지역 발전도 예외가 아니다. 지역 발전에 중요한 영향을 미치는 요인 중의 하나가 사회기반시설(infra)이다. 사회기반시설은 경제활동이나 일상생활의 기반이 되는 도로, 철도, 항만, 학교, 병원, 주택 등 사회의 기초 시설을 말한다. 그리고 이들 시설을 '하드 인프라(hard infra)'라고 한다. 그러나 오늘날의 지역 발전에서는 하드 인프라보다는 '소프트 인프라(soft infra)'가 강조되고 있다.

소프트 인프라는 생활·문화·산업 등의 여러 활동과 활동 주체의 실효성을 직간접적으로 높이는 사회제도·사고방식·아이디어 등의 시스템을 말한다. 즉 소프트 인프라란 기존의 사회·경제적 활동에서 새롭게 만들어진 제도·문화·혁신과 이런 속성이 결합해 만드는 사회 환경을 말한다. 따라서 소프트 인프라는 하드 인프라에 종속되는 것이 아니고, 하드 인프라가 정비되면 저절로 만들어지는 것도 아니다.

소프트 인프라는 하드 인프라와 관계없이 새롭게 만들어질 수 있다. 체육관이나 문예회관을 예로 들면, 이들 시설은 대부분의 시·군에 있는 하드 인프라이다. 그러나 이들 시설의 사용 빈도는 매우 낮다. 그렇지만 이들 시설을 연극 전용홀, 콘서트홀, 다목적 회의장, 요가 교실 등으로 활용하면 소프트 인프라가 된다. 그리고 소프트 인프라는 지역 발전의 새로운 사회자본이 될 수 있다.

지역 발전에서 소프트 인프라를 만들고, 이를 지역 발전으로 활용한 사례는 많다. 일본 홋카이도 중앙에 위치한 작은 마을 다가스 정(町)은 인구의 고령화를 소프트 인프라로 활용한 사례이다. 마을에서는 1968년부터 '건강마을 만들기' 조례를 제정하여 노인들의 건강을 체계적으로 관리해 장수마을로 변모시켰다. 그리고 장수마을의 이미지를 지역 특산품과 연계하여 '늑대의 복숭아'라는 브랜드의 토마토주스를 비롯한 각종 건강식품을 생산해 지역의 활성화에 성공했다.

일본 홋카이도 시모카와(下川) 정은 도시민의 귀속 의식을 지역 발전에 활용했다. 인구 4,000여 명의 작은 마을인 시모카와 정은 광산 폐업으로 인구가 급속히 감소했다. 이에 인구 과소를 타개할 목적으로 "고향운동"을 전개했다. 출향한 도시민을 상대로 '고향 회원제'를 통해 특산물을 직송했고, '송아지 친구회원'을 모아 회원에게 유제품을 직접 배달했다. 또한 지역민과 도시민이 공동으로 만리장성이라는 산책로를 만들어 관광 명소로 활용했다.

　일본 홋카이도의 비에이(美瑛) 정은 토지 이용 경관을 관광자원으로 이용한 경우이다. 즉 보리·밀·튤립·유채·두류 등의 파종작물을 인위적으로 구획하고 조정하여 독특하고 아름다운 농촌 경관을 만들었다. 지방자치단체에서는 경관 조례를 제정하고 경관을 보전하는 농가에게는 보조금도 지급했다. 아름다운 토지 경관을 잘 조망할 수 있는 전망시설도 설치했다. 그 결과 비에이 정은 오늘날 일본의 대표적인 토지경관 관광지로 성장했고, 지역 농산물은 불티나게 팔리고 있다.

　광주·전라남도 지역의 저발전과 상대적 낙후를 말할 때, 단골 메뉴로 등장하는 것이 인프라 부족이다. 실제로 이 지역은 다른 지역에 비해 도로, 철도, 공항 등 하드 인프라가 상대적으로 부족하다. 특히 수도권과의 접근성 불량은 재화와 용역, 인구와 공장의 유치에 장애 요인으로 작용했다. 하드 인프라의 부족은 수도권과 지리적으로 멀리 떨어진 우리 지역의 저발전에 결정적인 영향을 미쳤다.

　그런데 최근의 상황은 이 지역에 더욱 불리해지고 있다. 경제가 성장하면 할수록 대부분의 국가는 성장보다 분배에 중점을 두는 재정을 운용하는 것이 일반적이다. 문제는 분배에 중점을 두는 재정 운영이 하드 인프라의 확충을 더디게 한다는 사실이다. 인프라에 대한 투자보다는 사회복지에 많은 투자를 하기 때문이다. 부의 사회적 분배를 강조하는 참여정부의 재정 운용은 결과적으로 인프라가 상대적으로 부족한 지역의 성장을 더디게 할 개연성이 매우 높다.

　앞에서 설명한 여러 사실을 고려할 때, 광주·전라남도 지역은 하드 인프라보다도 소프트 인프라에 관심을 가져야 한다. 지역 위치, 지역 인구, 자연 조건, 지역 산업, 지역 특산물 등을 잘 정비하면 좋은 소프트 인프라가 될 수 있다. 특히 전원적인 시골 경관, 장수마을, 무공해 농산물, 농촌 사람의 정이 담긴 특산물, 쾌적한 주거 환경, 잘 정비된 도로 연변의 경치, 지방자치단체의 규제 완화 등이 그것이다.

함평군의 이미지를 생태적으로 건강한 지역으로 바꾼 나비축제는 좋은 소프트 인프라의 예이다. 보성군의 보성녹차, 전국 최우수 품질을 가진 해남 옥천면의 '한눈에 반한 쌀', 학교의 교육 환경 개선을 통해 인재 육성과 인구 정착을 꾀하고 있는 광양시의 교육 지원 정책, 곡성과 장흥군의 장수촌 이미지 마케팅 전략 등도 향후 지역 발전에 긍정적 효과를 제공할 수 있는 소프트 인프라이다.

그렇다면 소프트 인프라를 개발하고 정비하기 위해서는 어떻게 해야 할 것인가. 가장 중요한 것은 지역의 개성과 독자성을 발휘할 수 있는 지역 자원을 활용하는 것이다. 우리 지역에만 있는 것, 우리 지역이기 때문에 가능한 것을 찾아내거나 새롭게 만들어야 한다. 인구의 노령화가 심각한 전라남도의 마을에서는 건강 및 장수 지역의 이미지를 만들어 쾌적한 정주 환경과 농산물을 판매할 수 있다.

또한 명심할 사실은 지역 발전에 공헌하는 소프트 인프라를 만들기 위해서는 많은 시간과 인내가 필요하다는 점이다. 소프트 인프라의 정비에는 일반적으로 비용이 적게 든다. 그러나 새로운 제도와 아이디어를 지역 활성화에 접목시키고 가시적인 성과를 거두기 위해서는 일과성으로 끝내지 않고 꾸준하게 그리고 강도 있게 추진할 때 성공할 수 있다.

하드 인프라가 부족한 낙후 지역에서 적은 비용으로 지속적인 지역 발전을 실현하는 대안적 접근이 소프트 인프라 활용 방식이다. 하드 인프라가 부족한 전라남도 지역, 특히 인구 감소와 인구 노령화가 심각한 지방자치단체에서는 소프트 인프라의 정비와 발굴에 주목할 필요가 있다. 무엇보다 비용이 적게 들고 주민과 함께 추진할 수 있기 때문이다.

- 광주매일, 2005. 06. 03.

61

장소 마케팅의 성공 요소

오늘날에는 지역과 장소 간 경쟁이 치열하게 전개되고 있다. 사람, 자본, 기술, 문화 등이 자유롭게 이동하면서, 경쟁력을 가진 장소는 이들 요소를 쉽게 끌어당긴다. 반면에 그렇지 않은 장소는 자본과 기술 등을 다른 장소에 빼앗긴다. 이른바 '장소 전쟁'이 시작되었다.

장소 전쟁이 시작되면서 새롭게 등장한 지역개발 방식이 장소 마케팅(place-marketing)이다. 장소 마케팅은 장소의 생존과 발전을 위한 '장소의 상품화' 전략이다. 마케팅이 소비자에게 상품을 팔기 위해 고안된 방법이라면, 장소의 상품화는 공동체 이익을 위해 장소의 사회경제적 효율성을 극대화하는 전략이다.

미국 남부의 텍사스 주에 있는 오스틴(Austin) 시는 전형적인 대학도시였다. 학생들만 많고 기업체가 적어 도시 인구는 계속 감소했다. 도시 경쟁력 제고를 위해 오스틴 시는 범죄 발생을 줄이고 주거 환경의 쾌적성을 높이는 정책을 수년 동안 실시했다. 그 결과 미국 도시 중에서 주거 환경이 가장 좋은 도시로 평가되었고, 첨단 산업과 관련된 기업체가 도시 내로 유치되어 미국의 새로운 테크노파크로 성장했다.

전라남도 함평군은 전형적인 농촌 지역이다. 관광객을 끌어들일 수 있는 전국적으로 유명한 사찰도, 해수욕장도 없다. 함평을 전국적으로 알릴 수 있는 특산물도 변변치 않다. 그러나 '나비축제'를 통해 생태적으로 건강한 함평의 이미지를 전국에 알렸다.

오스틴과 함평은 장소 마케팅에 성공한 사례이다. 그러나 지역이 가지는 자연적·사회적·문화적 자산의 속성이 다르기 때문에 장소 마케팅의 기법 또한 다양하다. 오스틴이 정주 환경의 쾌적성을 자산으로 첨단 산업의 기업을 유치한 '산업적' 장소 마케팅에 성공했다면, 함평은 양질의 자연환경을 자산으로 '생태적' 장소 마케팅을 통해 관광객 유인과 지역 홍보에 성공한 사례이다.

함평 나비축제가 대박을 터트리면서 전라남도의 여러 지방자치단체는 장소 마케팅을 위한 새로운 전략 개발에 심혈을 기울이고 있다. 그렇지만 함평의 나비축제가 성공했다고 해서 모든 지방자치단체의 장소 마케팅이 성공할 것이라는 예단은 금물이다. 왜냐하면 지역과 도시 간 장소 마케팅 전쟁이 치열하게 전개되고 있기 때문이다.

장소 마케팅 전략이 성공하기 위해서는 장소가 가진 강점과 약점에 대한 정확한 평가, 지역 발전의 장기적인 목표와 비전 설정, 목표 달성이 가능한 실천 전략 수립 등이 필요하다. 그렇지만 이들 요소 중에서 가장 중요한 것은 지역의 강점과 약점, 가능성과 문제점에 대한 정확한 진단과 평가이다. 지역의 자연적·사회적·문화적 자산과 관련이 없는 타 지방 흉내 내기 전략은 성공할 수 없다. 그러므로 지역의 고유성과

독창성을 가진 자산을 찾아내기 위해서는 지역에 기반을 둔 다양한 자산에 대한 평가 작업이 선행되어야 한다.

전라남도에서도 이러한 평가 작업을 거쳐 장소 마케팅 개념을 새로운 지역 발전 전략으로 채택한 사례가 일부 있다. '기(氣)@영암'의 슬로건으로 "기(氣)"를 지역의 새로운 브랜드로 개발하려는 영암, 다향(茶鄉)의 이미지를 상품화하려는 보성, 전원적인 농촌 경관의 자원화를 통해 녹색관광의 보고를 지향하는 곡성 등이 그것이다. 이들 사례가 주목받는 이유는 다른 지역과 달리 지역의 고유한 자원에 기반을 두고 장소 마케팅을 추진하고 있다는 사실이다.

월출산과 동양적 기(氣), 보성 녹차, 곡성의 전원적 경관 등은 분명 장소 마케팅의 성공에 필요·충분 요소라 할 수 있다. 그러나 장기적이고 단계적인 전략을 수립하여 지속적으로 추진하지 않으면, 이들 지방자치단체의 장소 마케팅은 성공을 보장할 수 없다. 장소의 경쟁력이 시장에서 일정한 수요를 확보하기 위해서는 많은 시간이 소요된다. 장소 마케팅의 효과 또한 단시간에 나타나지 않는다. 특히 장소 마케팅의 결과를 주민 삶의 질 향상으로 연결시키려면 더욱 많은 시간이 필요하다.

전라남도 대부분의 시·군은 관광 축제를 비롯한 다양한 방법으로 장소 마케팅의 대박을 꿈꾸고 있다. 그러나 장소 마케팅에 성공하기 위해서는 '가장 지방적인 것이 가장 세계적이다.'라는 점과 많은 시간이 소요된다는 두 가지 사실을 명심해야 한다.

- 광주매일, 2003. 08. 22.